吃面

飞雪无霜 著

辽宁科学技术出版社
·沈 阳·

目录
CONTENTS

就爱吃面

CONTENTS

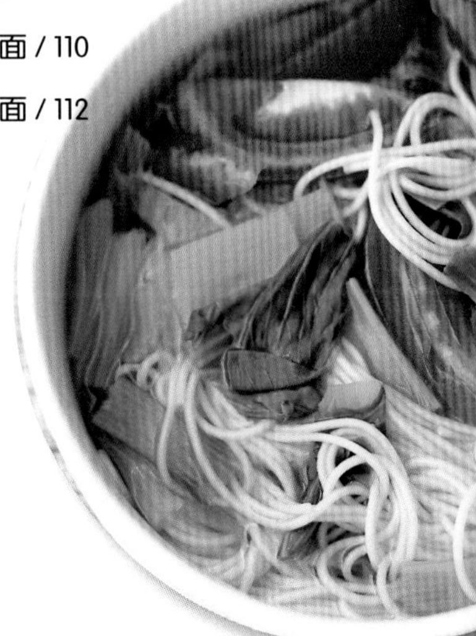

就爱吃面

CONTENTS

PART

1

JIUAICHIMIAN

做面条的工具

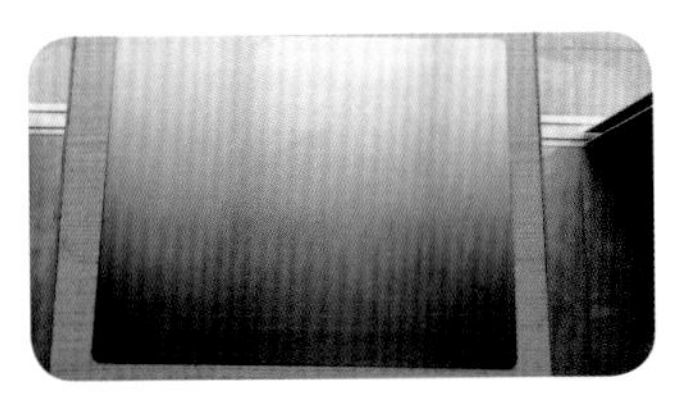

案板

不锈钢揉面板，用来揉面、擀面，可以根据个人使用习惯，选择大小适合的案板。

刀

用来切面条。

秤

如果面粉和水的重量能用秤称好，那么和面的时候，就会更容易。

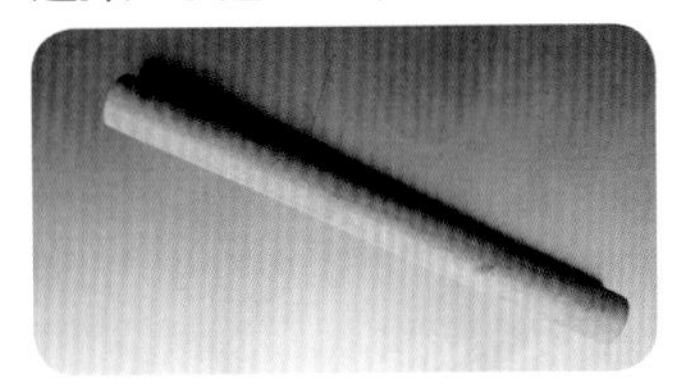

擀面杖

用来擀面条，有长短、粗细之分，根据个人习惯自行选择。

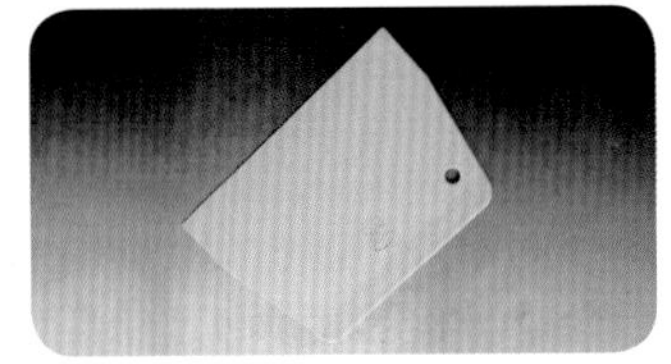

刮板

用来刮面团。

锅

煮面条时必不可少的器具。

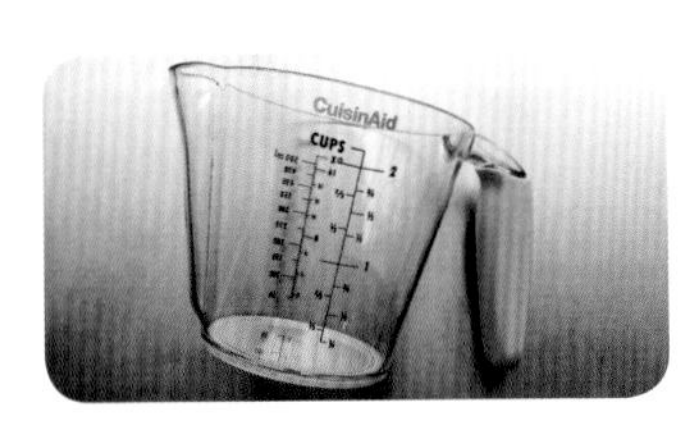

量杯

量水的工具，如果有秤也可以不用量杯。

量匙

用来量少许的盐或者调料等，用量准确才能提高成功率。

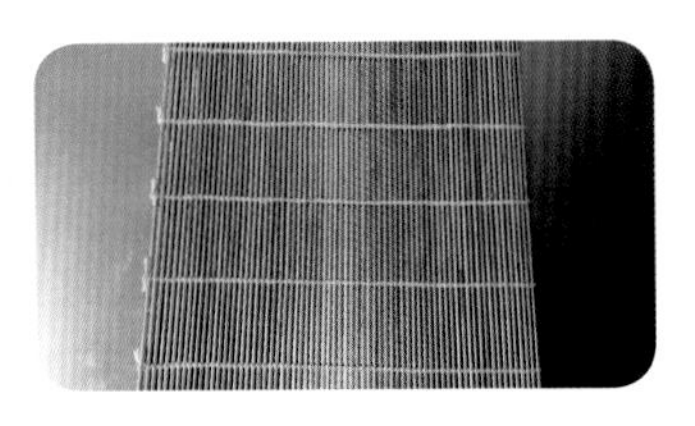

寿司帘

用来做猫耳朵的工具。

压面机

用压面机压面会更轻松省力，最好买电动的，方便使用。

厨师机压面配件

现在厨师机也有压面功能，也可以用来做面条。

PART 2 JIUAICHIMIAN

做面条的原料

主要材料

高筋面粉

加入高筋面粉，可以让做出来的面条更筋道。

中筋面粉

中筋面粉是做面条的主要原料。

黄豆粉

杂粮粉的一种。在面粉中加适量的杂粮粉可以让面条更有营养。

鸡蛋

面粉中加鸡蛋做出来的鸡蛋面条，是大家非常喜欢的面条之一。

水

和面时不可少的主要原料。

果蔬汁

在面粉中加入果蔬汁可以做出颜色更丰富的面条来。

不可少的配料

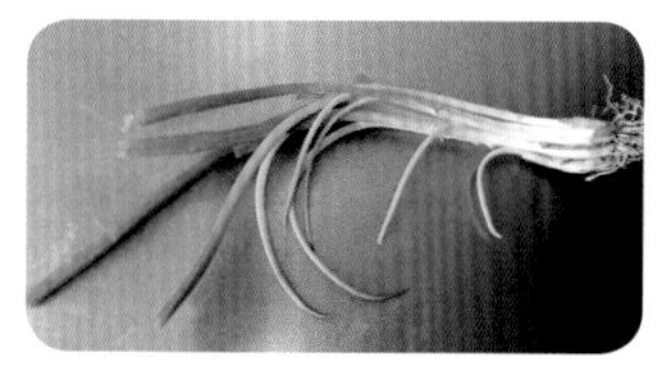

葱

可以给食物增香。

姜

也是增香的原料之一。

糖

加入适量的糖能让面条更好吃。

盐

加入适量的盐可以让面条吃起来更有滋味。

酱油

酱油也是很主要的配料之一。

猪油

用适量的猪油来下面味道特别香。

油
炒面条的时候，油是必不可少的。

料酒
在做肉菜的时候，加入料酒有去腥的作用。

不同味道的酱料

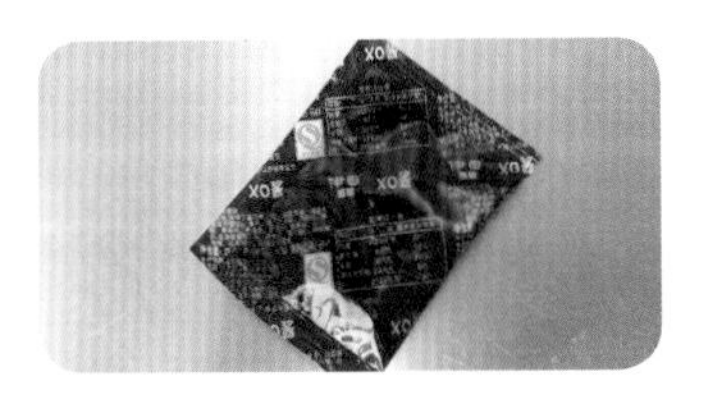

拌面酱
滋味是已经调好了的，直接用来拌煮好的面就可以了。

干黄酱
在做炸酱面的时候，一定要用到干黄酱。

咖喱块
本身味道就已经调好了，所以不用再加其他调料。

蒜蓉辣酱
有增香增辣的作用。本书中介绍了几种用到蒜蓉辣酱的面。

甜面酱
甜面酱也是做炸酱面不可少的酱料之一。

意大利面酱
在做意大利面的时候，加入意大利面酱，味道更好。

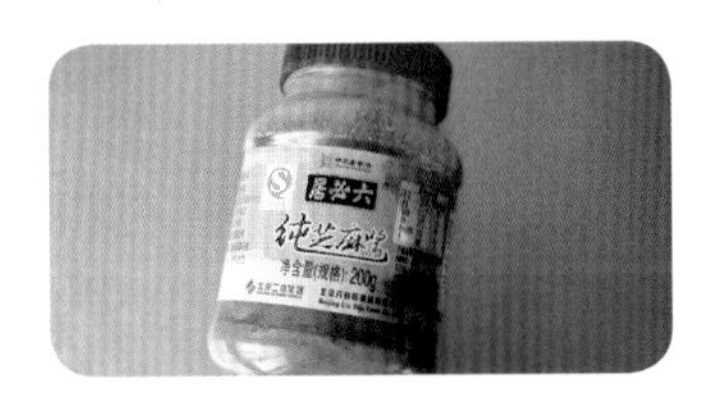

芝麻酱
用来做麻酱拌面的主要酱料。

PART 3 JIUAICHIMIAN

如何手工擀制面条

原料

面粉 150 克，盐 2 克，鸡蛋 1 个，水少许（鸡蛋加水总共是 60 克）

做法 zuofa

1 将面粉倒入容器中。

2 加入盐、鸡蛋和水。

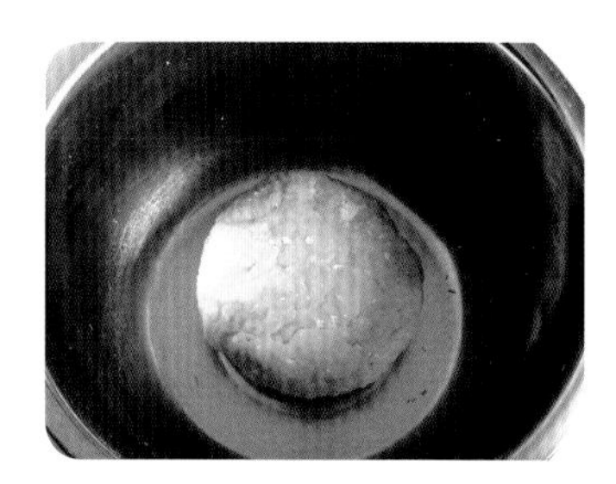

3 揉成面团。

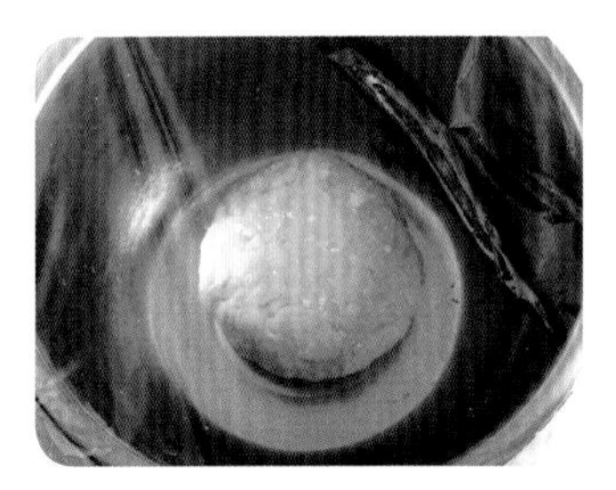

4 将揉好的面团盖上保鲜膜，静置 30 分钟。

5 用手将面团按平，擀之前可以在案板上撒些面粉。

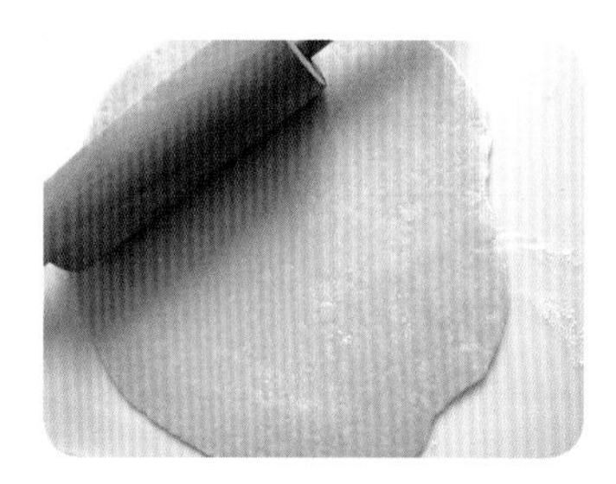

6 用擀面杖将面饼擀大、擀薄。

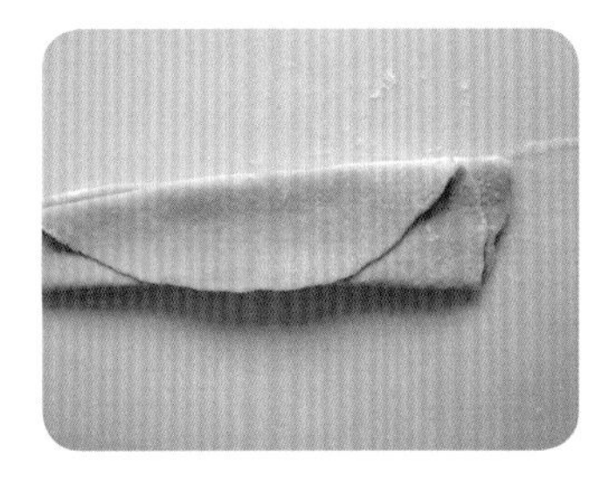

7 将擀好的面折叠好，折叠前上面撒些面粉以防粘连。

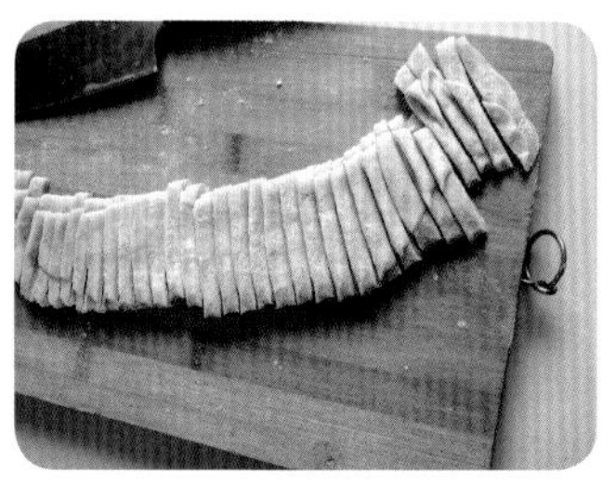

8 将折好的面切好，宽窄根据个人喜好来定。

9 锅中水煮开，加少许盐和油，倒入切好的面条煮熟即可。

PART

4 / JIUAICHIMIAN 如何用压面机压面

基础压面机压面

原料

面粉 200 克，水 80 克左右

做法 zuofa

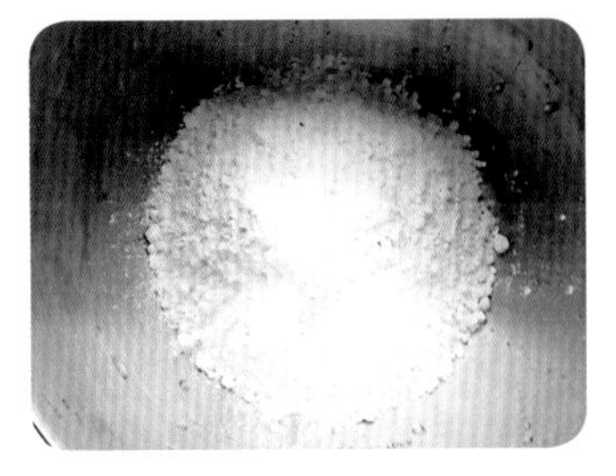

1 容器中放入面粉。

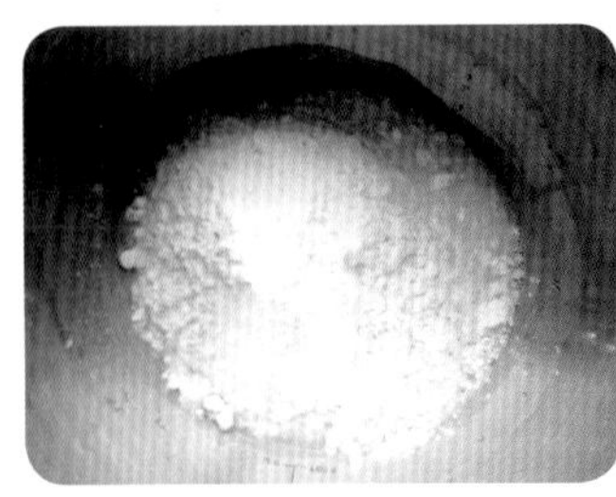

2 倒入适量的水。

3 和成面团，放置 30 分钟。

4 准备好压面机。

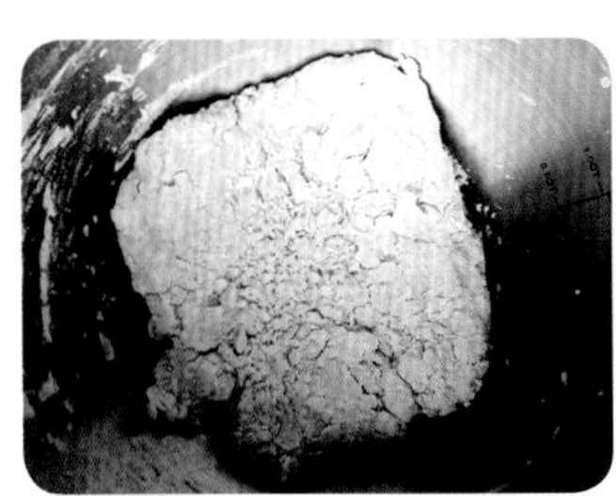

5 将醒好的面放入压面机。

6 从压面机的第 1 挡开始压。

7 再用 3 挡压。压面机不同挡位可压出不同厚度的面饼。

8 用 5 挡压面。

9 3 挡压出的面饼厚度。

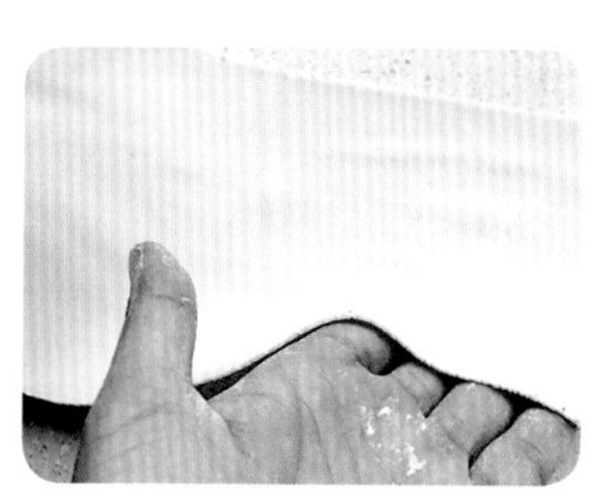

10 5 挡压出的面饼厚度。

11 再根据自己的喜好选择压粗面条还是细面条。

12 压的时候要记得撒玉米淀粉或者是玉米粉以防粘连。

13 压出的粗面条。

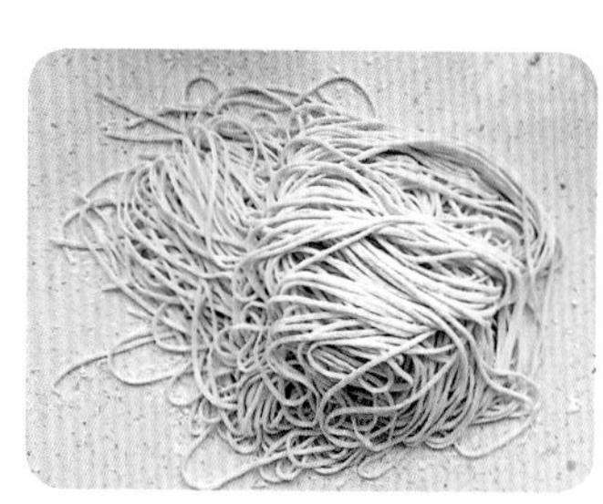

14 压出的细面条。

15 锅中放水并煮开，再放入面条煮熟即可。

鸭蛋压面

原料

面粉 200 克，盐 1 克，鸭蛋 60 克
水 20 克

做法 zuofa

1 将面粉倒入容器中，放入盐和鸭蛋。

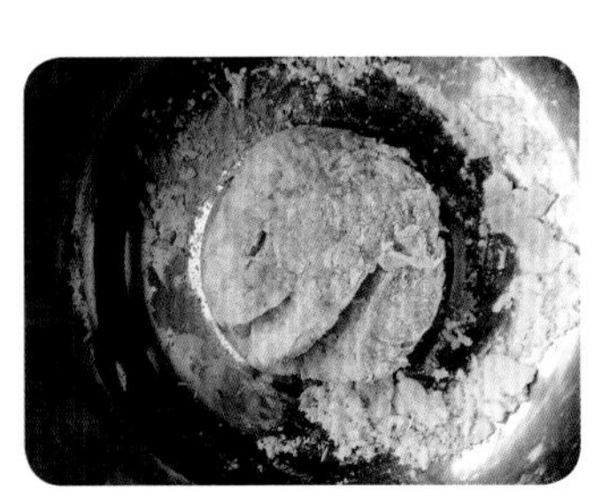

2 再放入适量的水，将所有材料和成面团。

3 准备好压面机。

4 将醒好的面团放入压面机中压成面片。

5 再压制成面条即可。

6 鸭蛋压面做好了。

PART 5 JIUAICHIMIAN

各式各样的面条

面条有干湿之分，放在室温下可以保存的，我们称为干面条；放冰箱冷藏或冷冻保存的，我们称为湿面条。干面条和湿面条各自有众多的种类。

◎干面条

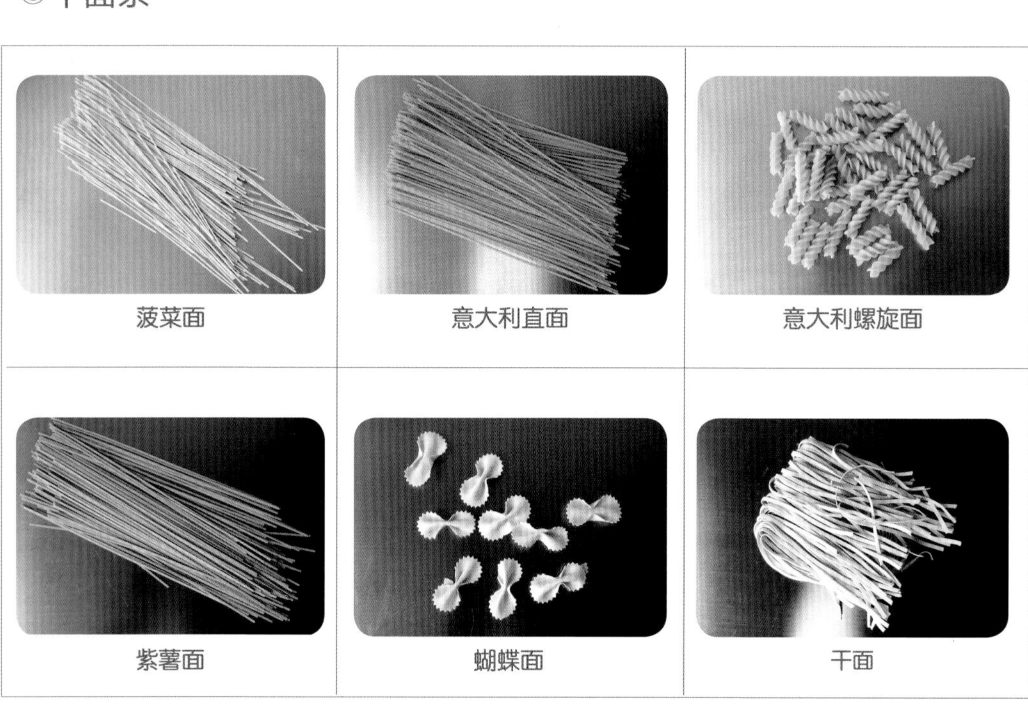

菠菜面　意大利直面　意大利螺旋面

紫薯面　蝴蝶面　干面

 龙须面	 细面	 意大利蝴蝶面

◎湿面条

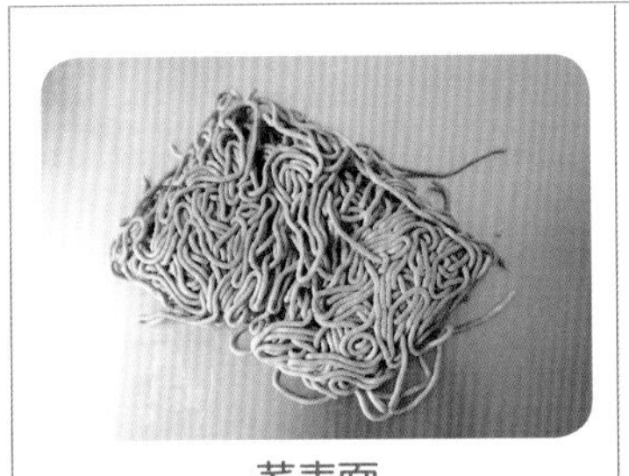 荞麦面	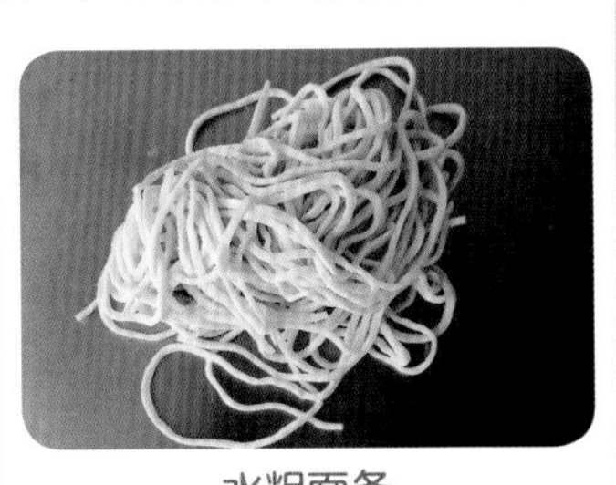 水粗面条	 刀切面条
 水细面条	 乌冬面	

PART 6 JIUAICHIMIAN

最爱的有浇头的面

红烧排骨面

原料

排骨 250 克，生菜 1 棵，姜 5 克
葱 5 克，面条 100 克

调料

生抽 10 克，老抽 5 克，料酒 10 克
盐 3 克，糖 3 克，油适量

做法 zuofa

1 准备材料，将生菜和排骨清洗干净，葱切成葱末，姜切成姜片。

2 排骨倒入小锅中，锅里放适量的水。

3 水烧开后，将排骨取出备用。

4 另起锅，锅里放油，放葱末、姜片爆香。

5 倒入排骨翻炒至变色。

6 加入其他调料。

7 烧至排骨软烂。

8 锅中放适量的水，烧开后下面条，面条要熟时放入生菜，关火。将面条装入碗中，加入红烧排骨及汤汁即可。

飞雪有话说

1. 排骨焯水可以去腥。
2. 生菜较容易熟，一定要最后再放。
3. 烧好的排骨放一会儿可以更入味。

肉酱卤蛋面

原料

面条 100 克，肉 350 克，鸡蛋 8 个

葱 10 克，姜 10 克，黄瓜半根

调料

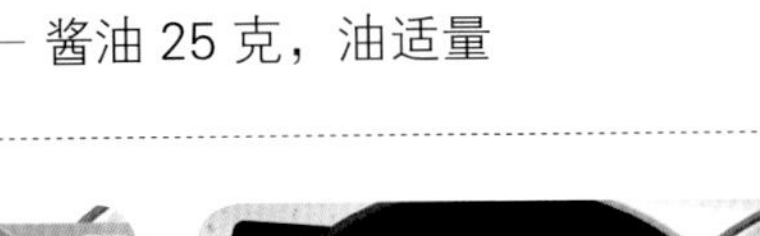

盐 5 克，糖 5 克

酱油 25 克，油适量

做法 zuofa

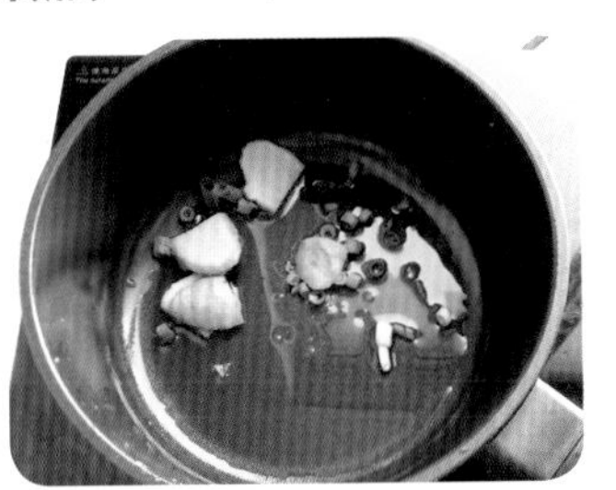

1 葱切末，姜切片，肉切成肉丁，黄瓜切丝。锅中放油，加入葱末、姜片爆香。

2 倒入肉丁。

3 炒均匀后放入其他调料。

4 加水煮 30 分钟关火。

5 鸡蛋先用冷水煮熟。

6 去壳后放入肉酱中，继续煮 10 分钟，关火。

7 水烧开，放入面条。

8 面条煮熟后捞出，淋上鸡蛋肉酱和黄瓜丝。

飞雪有话说

1. 吃不完的肉酱，可以用来拌饭，也超好吃。
2. 除黄瓜丝外，还可以配上胡萝卜丝等。
3. 鸡蛋放肉酱中时间长一点儿可更入味。

红烧牛肉面

原料

牛肉 100 克，葱 10 克，姜 10 克
蒜 10 克，面条 100 克，豆角 3 根

调料

辣椒酱 20 克，酱油 10 克
糖 5 克，盐 3 克，油适量

做法 zuofa

1 葱切末，姜切丝，蒜拍碎，豆角切成段。锅中放油，倒入葱末、姜丝和蒜末爆香。

2 倒入事先焯好水并切成丁的牛肉，再倒入其他调料。

3 锅内加入适量的水。

4 煮至收汁。

5 另起锅，放入水，水烧开后放入面条。

6 再放入豆角，煮熟。

7 将面条和豆角捞出。

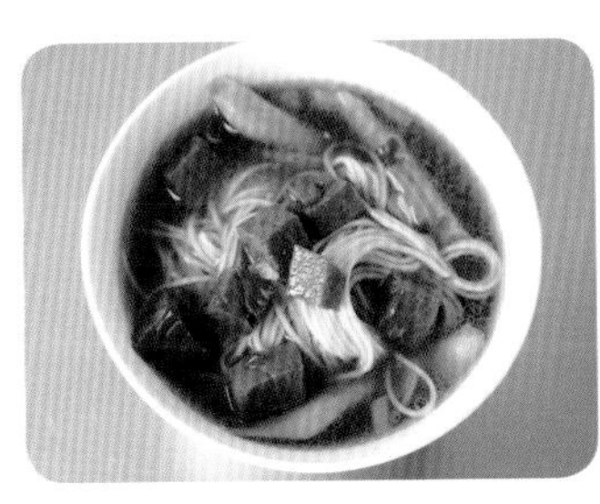

8 淋上做好的牛肉即可。

飞雪有话说

1. 牛肉烧烂一点儿会更好吃。
2. 还可以加些土豆和牛肉一起烧。

煎蛋青菜面

原料

面条 100 克，青菜 2 棵
鸡蛋 1 个

调料

盐 2 克，生抽 3 克
醋 2 克，油 2 克

做法 zuofa

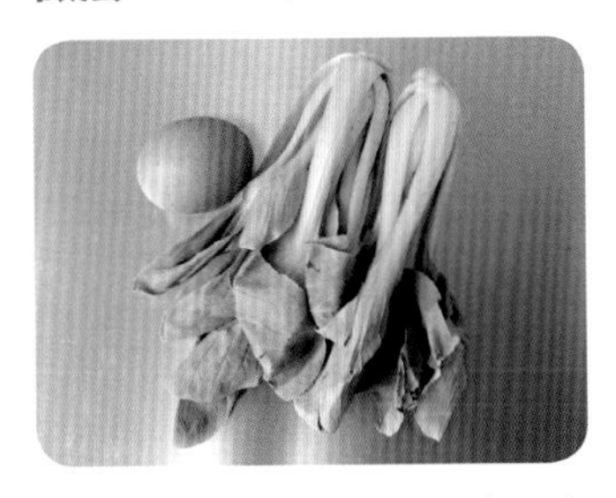

1 将青菜清洗干净，鸡蛋去壳放入碗中备用。

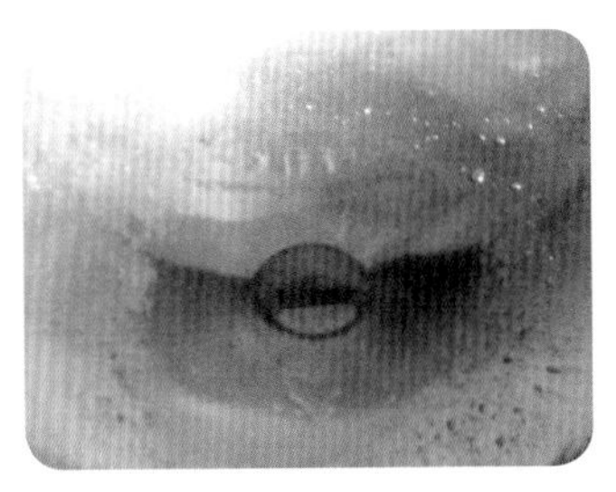

2 锅烧热并放油。

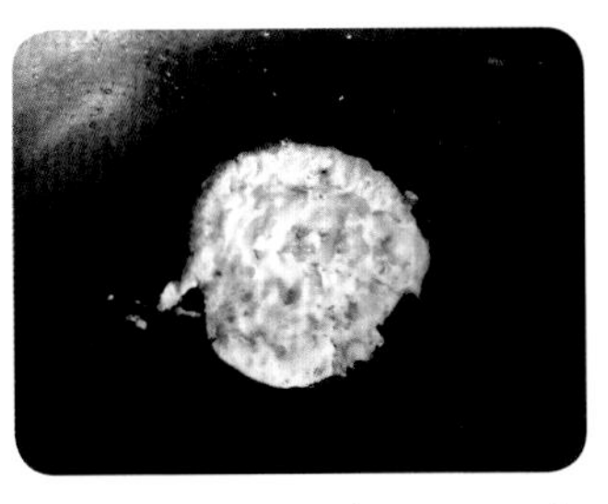

3 油热后倒入鸡蛋，两面均煎熟后取出备用。

4 另起锅，锅中放水，水烧开后倒入面条。

5 接着倒入青菜。

6 至面条和青菜煮熟。

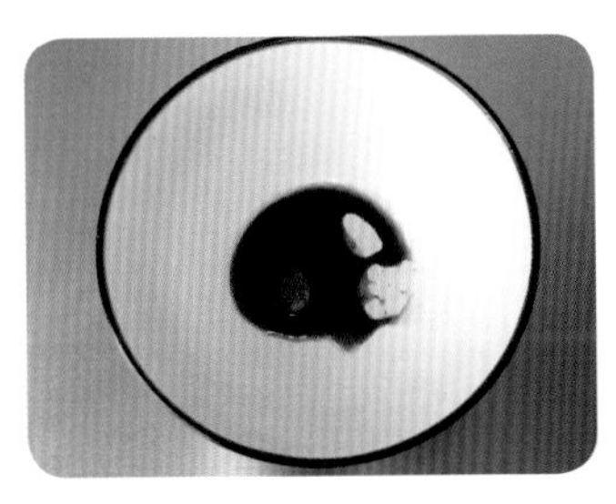

7 将所有调料放入碗中。

8 先冲入适量面汤，再放入面条和青菜，最后码上煎蛋即可。

飞雪有话说

1. 最后在面条上撒少许熟黑芝麻可以提味。
2. 如果喜欢吃猪油，也可以在调料中放少许猪油，味道会更香。

榨菜肉丝面

原料

榨菜 100 克，肉 100 克，青椒 1 个
姜 3 克，蛋清 5 克，面条 100 克

调料

盐 3 克
油适量

做法 zuofa

1 将肉切成丝，榨菜泡水清洗干净，姜切成丝，青椒去内籽切丝。

2 肉丝用蛋清搅拌均匀。

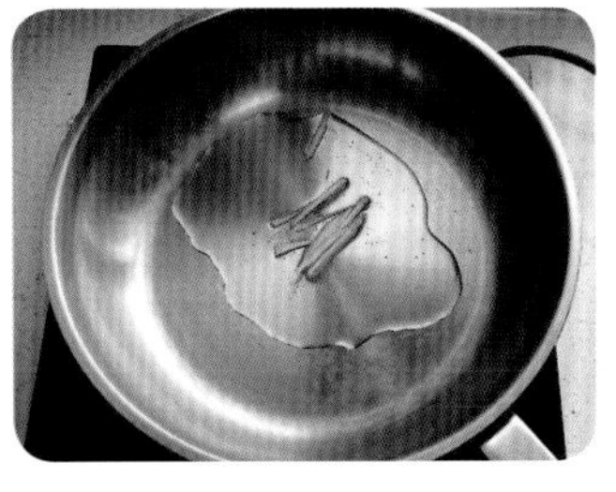

3 锅中放油，油热后放入姜丝爆香。

4 再倒入肉丝，翻炒至肉丝变色。

5 倒入榨菜丝。

6 加入适量的水。

7 最后放入青椒丝和盐翻炒均匀。

8 另起锅加水烧开，放入面条，煮熟后捞出，淋上榨菜肉丝即可。

飞雪有话说

1. 肉丝用蛋清腌一会儿是为了让肉更嫩。
2. 炒肉丝的时候，可以适当地加一点儿肥肉，吃起来更香。
3. 榨菜泡一下水，可以不会太咸。

雪菜肉丝面

原料

雪菜 100 克，肉 100 克， 蛋清 2 克
姜 3 克，面条 100 克

调料

蒜蓉辣酱 10 克
生抽 3 克，油适量

做法 zuofa

1 雪菜切碎，肉切成丝，姜切成丝。

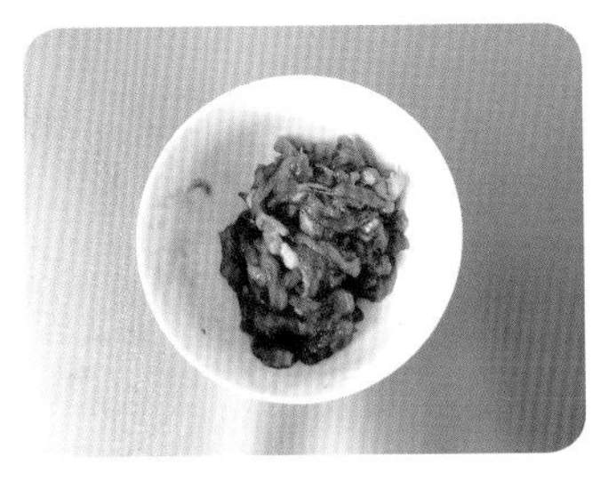

2 将肉丝中加入蛋清和生抽，搅拌均匀。

3 锅烧热放油，再放少许姜丝爆香。

4 将肉丝倒入锅中。

5 将肉丝翻炒至变色，加入雪菜。

6 倒入适量的水，煮开。

7 再放入蒜蓉辣酱，翻炒均匀即可。

8 另起锅加水烧开，倒入面条，面条熟后捞出，浇上雪菜肉丝即可。

飞雪有话说

1. 因为雪菜中有盐了，所以可不放盐。
2. 加入少许蒜蓉辣酱，会让这道雪菜炒肉丝更好吃。

西红柿鸡蛋面

原料

西红柿 200 克，鸡蛋 50 克
面条 100 克，葱 2 根

调料

盐 2 克，糖 3 克
油适量

做法 zuofa

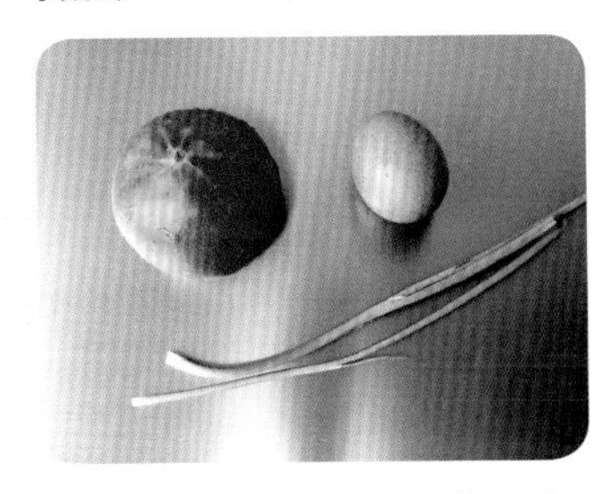

1 西红柿清洗后切滚刀块，葱切末。

2 鸡蛋打散在碗中，并搅拌均匀。

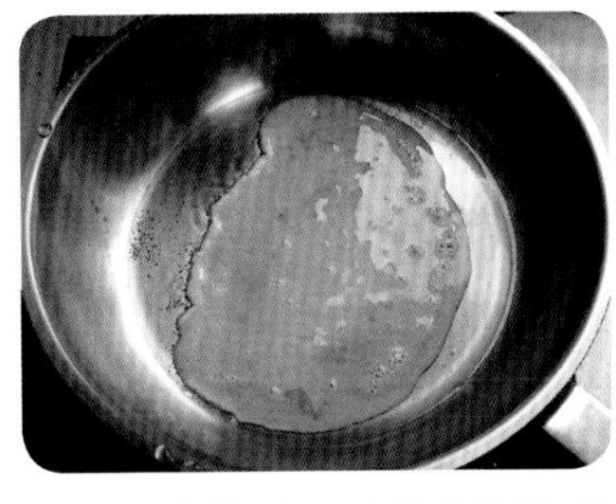

3 锅中放油，油热后倒入鸡蛋液。

4 翻拌均匀，炒成蛋碎，盛出。

5 锅中放西红柿，炒至西红柿变软。

6 倒入鸡蛋碎。

7 加入盐和糖翻炒均匀，淋上葱花，关火。另起锅加水烧开，倒入面条，面条熟后捞出，浇上西红柿炒鸡蛋即可。

飞雪有话说

1. 西红柿如果汁较少，可以放少量的水。
2. 在炒西红柿的时候，建议放少量的糖，味道会更好。

肉末茄丁面

原料

面条 100 克，肉 50 克
茄子 50 克

调料

酱油 10 克，盐 3 克
糖 3 克，油适量

做法 zuofa

1 茄子切成丁，肉切成肉末。

2 锅中放油。

3 油热后，倒入茄丁。

4 慢慢小火炒至茄丁变软，盛出。

5 锅中放少许油，倒入肉末并加入其他调料，炒至肉末变色。

6 再放入炒好的茄丁。

7 继续翻炒均匀即可。

8 另起锅加水烧开，放入面条，面条熟后捞出，浇上肉末茄丁即可。

飞雪有话说

1. 提前用小火将茄子煸软一下，可以节约用油，而且软一点儿的茄子更好吃。
2. 如果觉得肉酱的味道较重，那么盐可以少放。

西红柿打卤面

原料

西红柿1个，鸡蛋1个，豆角2根
木耳2朵，面条100克

调料

盐3克
油适量

做法 zuofa

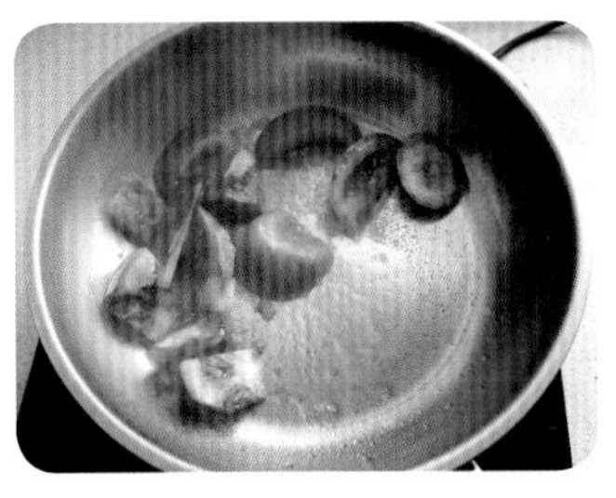

1 西红柿清洗干净切滚刀状，豆角切段，鸡蛋打散。锅中放少许油，先倒入西红柿块。

2 翻炒至西红柿块变软。

3 再倒入适量的水。

4 水开后，淋入鸡蛋液。

5 再放入木耳块。

6 煮1分钟。

7 另起锅，加水烧开，倒入面条，至八成熟。

8 将面条放入西红柿鸡蛋卤中，并放适量盐调味即可，关火。

飞雪有话说

1. 这道面条，加入了很多配料，不仅颜色鲜艳，而且营养丰富。
2. 面条煮熟后捞出来尽快食用，时间长了，面条容易过烂，就不好吃啦。

青椒肉丝面

原料

青椒 2 个，肉 100 克，面条 100 克
葱 5 克，姜 5 克

调料

生抽 2 克，蛋清 5 克（肉丝中用），盐 2 克
糖 5 克，老抽 2 克，油适量

做法 zuofa

1 青椒洗净后去籽，切成细丝，肥肉和瘦肉分别切丝，葱切末，姜切丝。

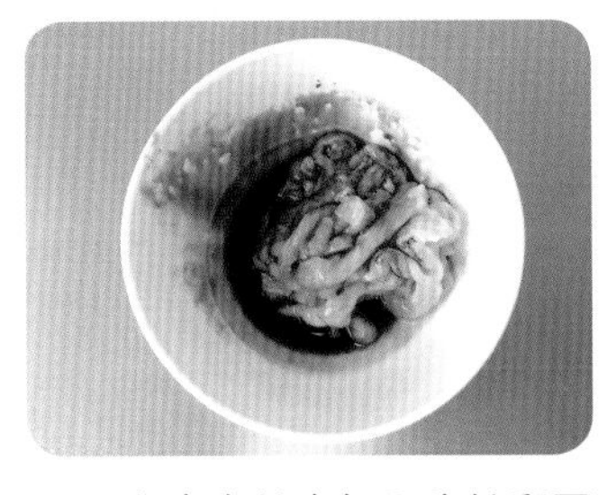

2 在瘦肉丝中加入生抽和蛋清，搅拌均匀，备用。

3 锅中放油，油热后，倒入葱末和姜丝爆香，倒入肥肉丝，炒至肥肉丝出油。

4 再倒入瘦肉丝炒至变色。

5 倒入青椒丝。

6 放入其他调料翻炒均匀，关火。

7 另起锅，加水烧开后放入面条。

8 面条煮熟后，放入碗中，并浇上青椒肉丝。

飞雪有话说

1. 青椒尽量选择皮薄一点儿的嫩椒。
2. 瘦肉丝提前腌一会儿，炒的时候会更嫩。

肉丁面

原料

肉 250 克，葱 5 克，姜 5 克
面条 100 克

调料

生抽 10 克，老抽 5 克，干黄酱 10 克
盐 4 克，蒜蓉辣酱 30 克

做法 zuofa

1 将肉肥瘦分开分别切丁，葱切末，姜切丝。

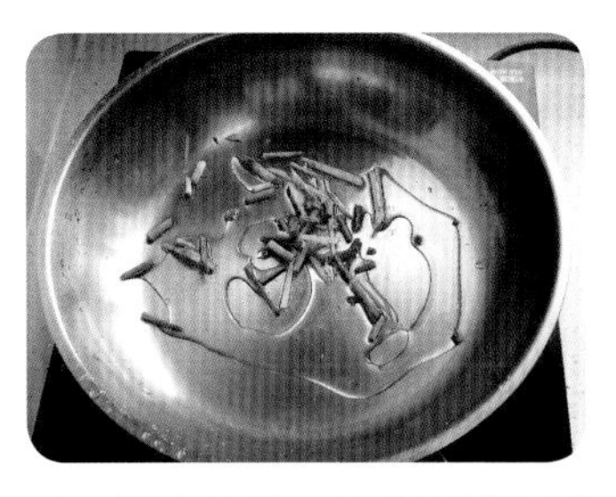

2 锅中放油，油热后倒入葱末和姜丝。

3 再倒入肥肉丁，炒至肉丁出油。

4 加入瘦肉丁。

5 炒至瘦肉丁变色。

6 放入生抽、老抽、干黄酱、盐和适量的水。

7 再加入蒜蓉辣酱，煮一会儿后关火。

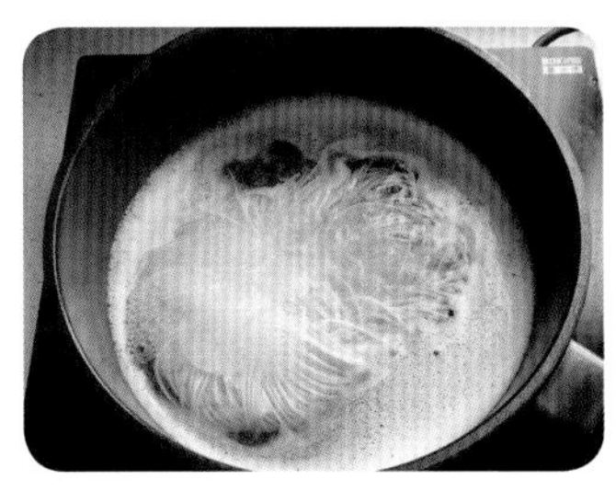

8 另起锅加水烧开，放入面条，煮熟捞出，浇上肉丁即可。

飞雪有话说

1. 肥肉提前炒可以出肥油，让面条更滋润。
2. 如果喜欢吃辣的，蒜蓉辣酱可以多放一点儿。

鸡蛋肉酱面

原料

面条 100 克
鸡蛋 1 个

调料

生抽 5 克，白糖 2 克，芝麻香油 5 克
肉酱 50 克

做法 zuofa

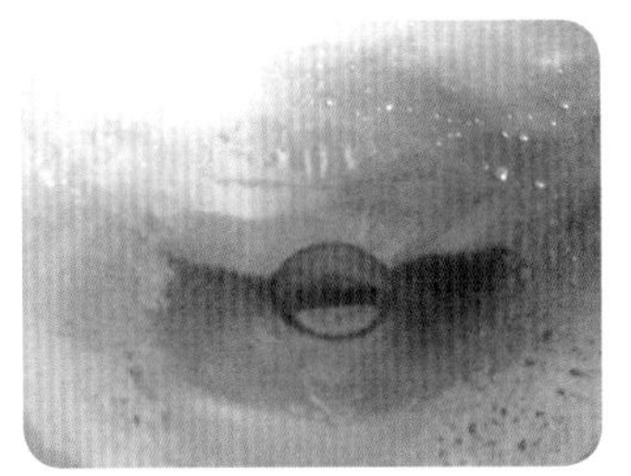

1 锅中放油。

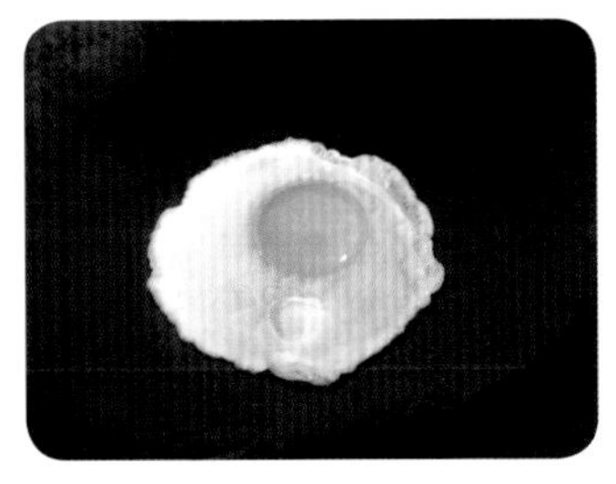

2 先煎鸡蛋，正反面均煎熟。

3 另起锅放适量的水，将水先烧开。

4 放入面条，煮熟。

5 准备调料，碗中先倒入生抽。

6 再放芝麻香油、白糖和适量的开水，搅拌均匀。

7 放入煮好的面条。

8 再加入煎鸡蛋和肉酱。

飞雪有话说

1. 煎鸡蛋的时候火力不能太大，否则蛋还没熟就已经煳了。可以用一个底部尖一点儿的锅，蛋不容易到处跑，也可以用煎蛋器。
2. 肉酱做法可参见肉酱卤蛋面。

西红柿牛腩面

原料

西红柿 2 个，牛腩 250 克，葱 5 克
姜 5 克，面条 100 克

调料

盐 5 克
油适量

做法 zuofa

1 将牛腩切成小块，焯水备用。葱切末，姜切片，西红柿切滚刀状。

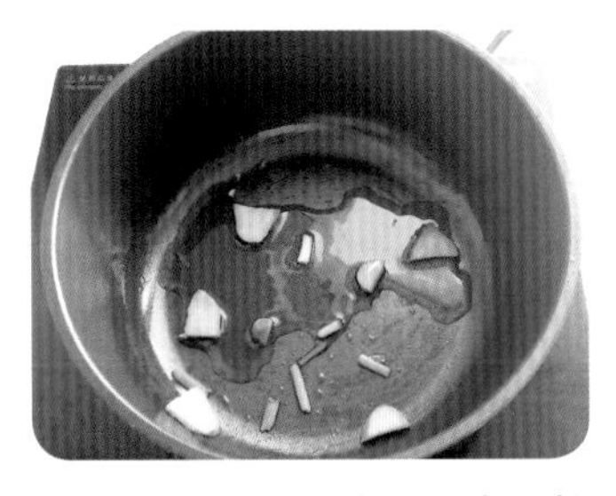

2 锅中放油，放入葱末、姜片，爆香。

3 先倒入一半的西红柿。

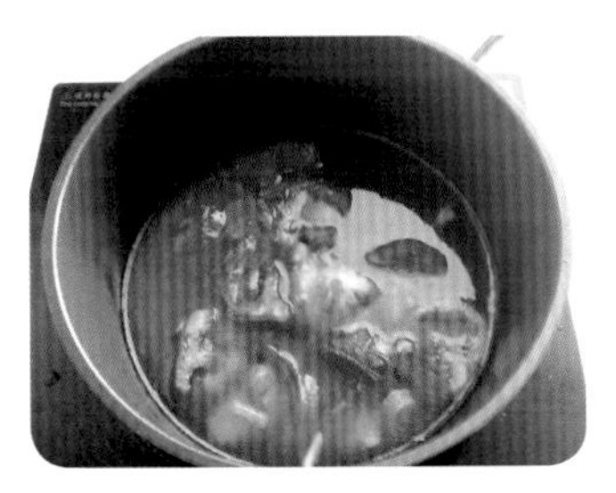

4 炒至西红柿软烂出水，再加入适量的水。

5 放入牛腩。

6 小火煮至牛腩软烂。

7 再放入另外一半的西红柿，稍煮片刻，加入适量的盐调味即可。

8 另起锅将面条煮熟，浇上做好的西红柿炖牛腩即可。

飞雪有话说

1. 煮牛腩时根据牛腩的熟烂程度决定加水量的多少。
2. 也可以加入适量的番茄酱，味道更加丰富。

PART 7

JIUAICHIMIAN

配料丰富的炒面

木耳炒面

原料

干面条 65 克，木耳 3 朵，胡萝卜 20 克

肉 50 克，青椒 10 克，姜 5 克

调料

酱油 6 克，盐 2 克

水淀粉 5 克，油适量

做法 zuofa

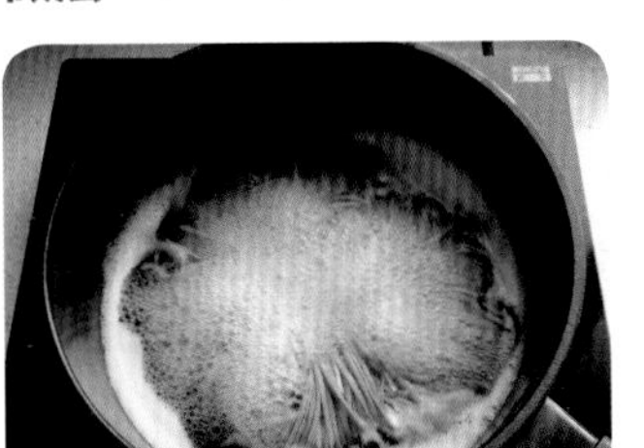

1 肉切丝，青椒去籽后切丝，姜切丝，木耳泡软后切丝，胡萝卜切丝，将锅中水烧开后放入面条。

2 面条煮好后捞出，过凉水后沥干水分。

3 肉丝加入水淀粉和 2 克酱油提前搅拌均匀（最好腌 30 分钟左右）。

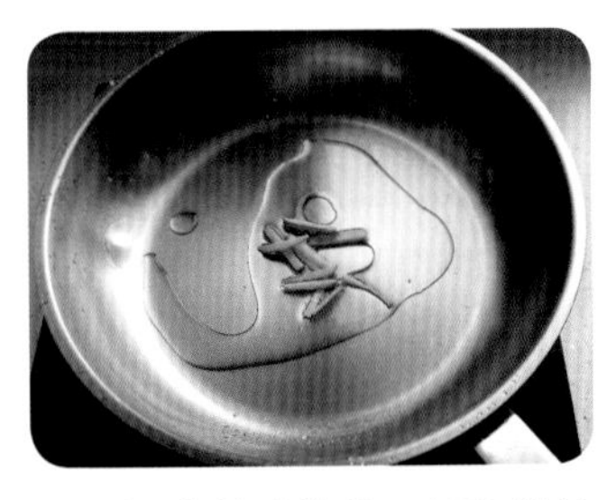

4 锅中放油烧热，加入姜丝爆香。

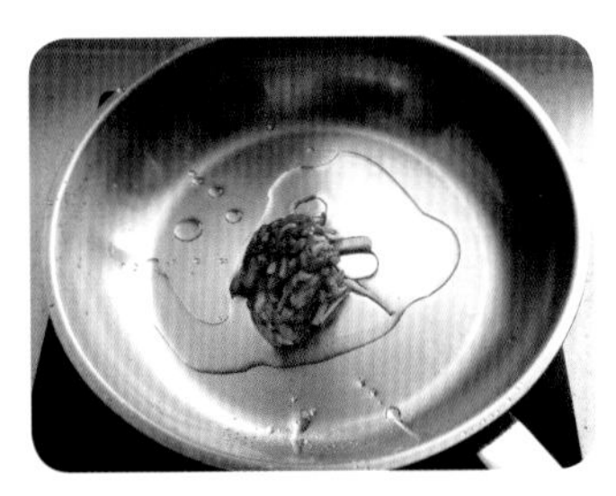

5 倒入肉丝进行煸炒。

6 再加入切好的木耳丝翻炒。

7 放入沥好水分的面条，用筷子翻炒均匀。

8 再放入胡萝卜丝、青椒丝翻炒均匀，加入盐、酱油调味即可。

飞雪有话说

1. 做炒面的时候，面条煮到八成熟即可，如果全熟的话，炒的时候容易过烂。
2. 煮好的面条，要过凉水再沥干，口感会较好。

三色蝴蝶面

原料

干蝴蝶面 50 克，胡萝卜半根
鸡蛋 1 个，豆角 2 根

调料

盐 2 克
油适量

做法 zuofa

1 鸡蛋打散，放入不粘锅中，用小火烙成蛋饼。注意火力不要过大，大了蛋饼容易煳。

2 将烙好的蛋饼切成片。

3 将胡萝卜切成小花。

4 将豆角切成段。

5 锅中放水烧开，放入蝴蝶面煮至八成熟，取出沥干水分。

6 锅中放油，倒入胡萝卜和豆角，炒至豆角变色。

7 再倒入蝴蝶面，翻炒均匀。

8 最后放入面饼并加适量的盐调味即可。

飞雪有话说

1. 这个面条中加入了胡萝卜和豆角等蔬菜，营养丰富。
2. 只要放少许的盐提味就可以了，也可以加少许鸡精。

什锦炒面

原料

鸡蛋 2 个，火腿半根，青椒 1 个
青菜 2 棵，胡萝卜半根，面条 100 克

调料

生抽 15 克，白糖 3 克
油适量

做法 zuofa

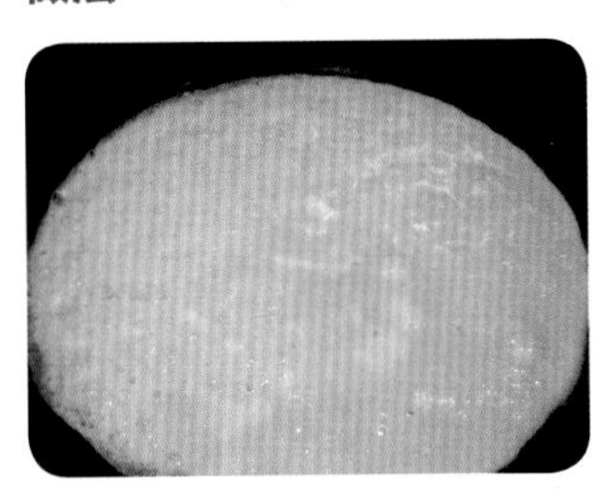

1 鸡蛋打成蛋液再加少许油，在平底锅中摊成蛋饼。

2 胡萝卜切丝，火腿切丝，青菜切段，青椒切丝，蛋饼切丝。

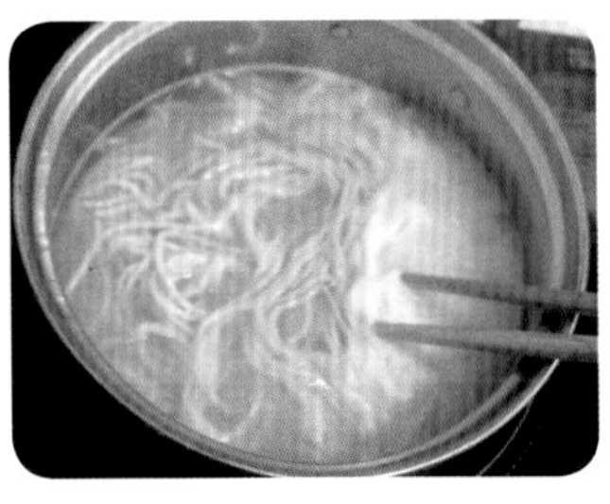

3 锅中放水和少许油，水开后下入面条，再次煮开后捞出面条，沥干水分。

4 锅中放油，倒入胡萝卜丝、火腿丝。

5 再倒入面条。

6 加入其他配料。

7 放入生抽和白糖，搅拌均匀。

8 炒好盛入碗中即可。

飞雪有话说

1. 青菜、青椒等易熟的菜要最后放；蛋饼丝尽可能摊薄一些，口感好；火腿丝也可用肉丝代替。
2. 下面条的水中放少许油和盐，可以让面条不粘连，而且会让面条有些咸味。

蔬菜炒面

原料

面条 100 克，娃娃菜 50 克，胡萝卜 30 克
茶干 50 克，韭菜薹 20 克

调料

酱油 5 克，盐 3 克
油适量

做法 zuofa

1 茶干切条，娃娃菜切丝，韭菜薹切段，胡萝卜刨成丝，备用。锅中放水烧开煮面条。

2 面条煮至八成熟，取出过凉水，沥干水分。

3 另起锅，锅中放油，烧热。

4 倒入茶干和娃娃菜翻炒。

5 再放入韭菜薹。

6 再倒入面条继续翻炒。

7 最后放入胡萝卜丝，翻炒均匀。

8 加入酱油和盐调味即可。

飞雪有话说

1. 面条煮熟后，过凉水沥干，吃起来会更筋道。
2. 蔬菜炒面的菜码儿种类很多，选择自己喜欢的就可以了。

虾仁炒面

原料

虾 4 只，韭菜薹 20 克，木耳 2 朵

干面条 65 克

调料

韩国辣酱 15 克

油适量

做法 zuofa

1 韭菜薹切成段，木耳提前用水泡软后撕成小块，虾去肠、去壳。锅中加水烧开，倒入面条。

2 面条煮至八成熟后捞出，过凉水并沥干水分。

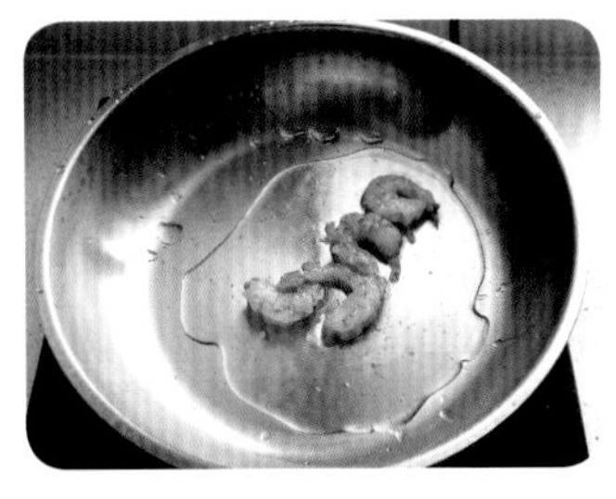

3 另起锅，锅中放油烧热，倒入虾仁。

4 炒至虾变色。

5 放入撕好的木耳。

6 再放入面条。

7 倒入韭菜薹。

8 最后放入韩国辣酱，用筷子翻拌均匀即可。

飞雪有话说

❶ 虾需要提前去虾肠、去壳后留虾肉备用。

❷ 加少许的韩国辣酱，可以让炒面的颜色更好看。

PART 8

JIUAICHIMIAN

焖出来的好面

排骨豆角焖面

原料

排骨 130 克，豆角 120 克， 葱 10 克
姜 10 克，面条 105 克

调料

红烧酱油 11 克
盐 2 克，油适量

做法 zuofa

1 姜切片，葱切末，豆角切小段，排骨切小块并清洗干净。

2 锅中放油烧热，倒入葱末、姜片，爆香。

3 再放入排骨，加入红烧酱油，炒至排骨变色。

4 锅中加入适量的水，煮 10 分钟。

5 再倒入豆角，放盐搅拌均匀。

6 取适量的汁出来。

7 放入面条，盖上锅盖开始焖面。

8 焖的过程中如果水分蒸干，可将之前取出的汁淋在锅内，可少量多次进行，直至面条焖熟为止。

飞雪有话说

1. 做焖面适合用少一点儿的水来焖，如果水过多就是煮面了，所以在焖的时候，锅里只留下少许的汁即可，不够时再加。
2. 豆角根据熟烂程度，选择放的时机。

土豆焖面

原料

鸡块4个，葱5克，姜5克，土豆1个
面条100克，胡萝卜半个，毛豆30克

调料

酱油10克，盐3克
糖3克，油适量

做法 zuofa

1 葱切段，姜切末，土豆和胡萝卜切滚刀块。锅中放油烧热，倒入葱段、姜末。

2 放入鸡块，炒至鸡块变色。

3 加入适量的水和调料。

4 煮至鸡块八成熟，加入土豆块。

5 煮至土豆八成熟。

6 取出部分汤汁。

7 放入面条开始焖面。

8 焖面过程中，如果水分蒸干，可以分多次适量倒入之前的汤汁，直至面条变熟即可。

飞雪有话说

1. 土豆切小块较容易熟，但前提是将鸡块先煮至八成熟，如果土豆块较大，就要提前放入啦。
2. 焖面的关键在于焖，所以汤千万不要多，否则就变成煮面了。

五花肉青菜焖面

原料

五花肉 100 克，葱 5 克，姜 5 克
青菜 1 棵，面条 100 克

调料

酱油 5 克，盐 3 克
油适量

做法 zuofa

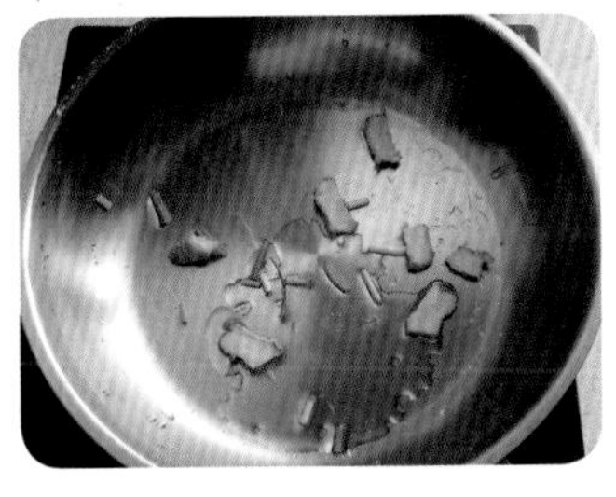

1 肉切薄片，葱切末，姜切片，青菜清洗后切小段。锅中放油烧热，倒入葱末、姜片爆香。

2 倒入五花肉片煸炒。

3 炒至肉片变色。

4 放入适量的水和调料，煮至五花肉八成熟。

5 倒出部分汤汁，锅内放入面条。

6 再加入青菜，开始焖面。

7 在焖的过程中，汤汁收干时可以加少许汤汁。

8 焖至面条变熟即可。

飞雪有话说

1. 五花肉焖面，五花肉的油全部浸入面中，味道特别香。
2. 加入青菜是最方便的吃法，当然也可以加入其他蔬菜。

豆芽焖面

原料

肉丝 200 克，豆芽 100 克，胡萝卜 20 克
姜片 10 克，面条 150 克

调料

生抽 30 克，老抽 10 克
水淀粉 15 克，油适量

做法 zuofa

1 将肉丝加入水淀粉拌均匀，多揉一会儿备用。

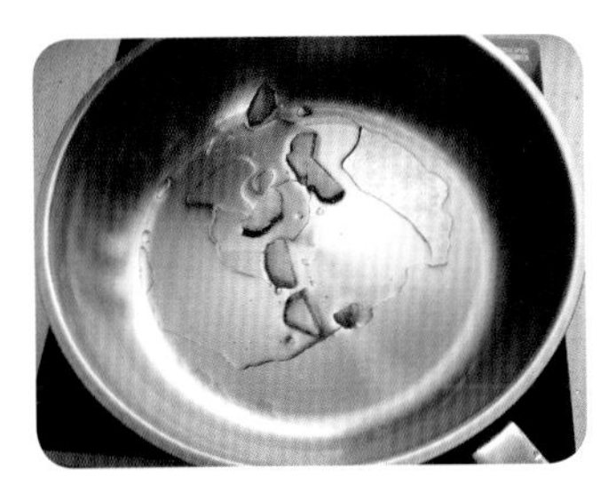

2 姜切成姜片，锅中放油，油热后，倒入姜片爆香。

3 再加入肉丝。

4 翻炒至变色后，加入生抽和老抽，并放入适量的水。

5 再倒入豆芽。

6 翻炒均匀。

7 放入面条，盖上盖儿开始焖面。

8 不时地起锅，用筷子检查面是否熟了，如果没熟就再倒入少量的水，如果熟了，就加入切碎的胡萝卜丝翻炒均匀即可。

飞雪有话说

1. 胡萝卜丝比较容易熟，最后放。
2. 面条选择湿面团，焖的时候容易焖熟。

虾米干贝焖面

原料

虾米 25 克，干贝 25 克，大白菜 100 克
胡萝卜 50 克，面条 100 克

调料

生抽 30 克，老抽 5 克
油适量

做法 zuofa

1 将虾米和干贝先泡水备用。

2 锅中放少许油，倒入虾米、干贝。

3 炒1分钟后，倒入切成片的大白菜。

4 翻炒均匀，再倒入胡萝卜片。

5 加入调料和适量的水。

6 炒1分钟。

7 再倒入面条。

8 盖盖儿焖一会儿，一直到面条变熟为止，如果煮的过程中发现面条还没熟，而汤汁已经干了，就加入适量的肉汤即可。

飞雪有话说

1. 有些干贝比较咸，所以要多泡一会儿。
2. 在焖的过程中，要用筷子来挑面条，这样不会容易碎，另外可以在起锅前尝一下咸淡，按个人口味调整。

PART
9
JIUAICHIMIAN
各式各样的拌面

黄瓜凉拌面

原料

面条 100 克，黄瓜 100 克

胡萝卜 30 克

调料

生抽 3 克，糖 5 克，盐 2 克

醋 2 克，油适量

做法 zuofa

1 黄瓜和胡萝卜切成丝备用。锅内加水烧开放入面条。

2 面条煮熟后捞出过凉水。

3 沥干水分。

4 将黄瓜丝、胡萝卜丝撒在面条上。

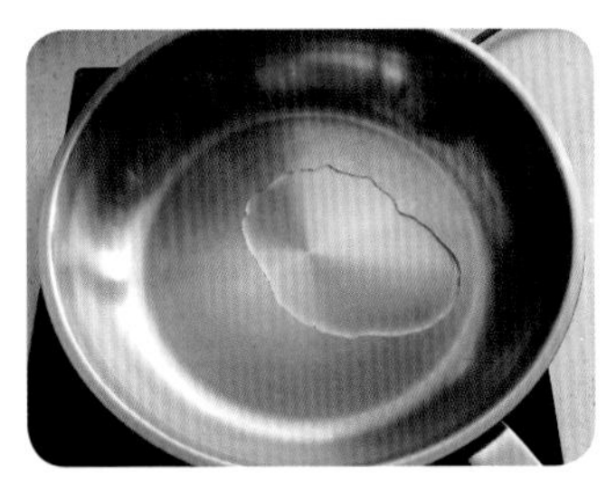

5 另起锅，锅中放油烧热。

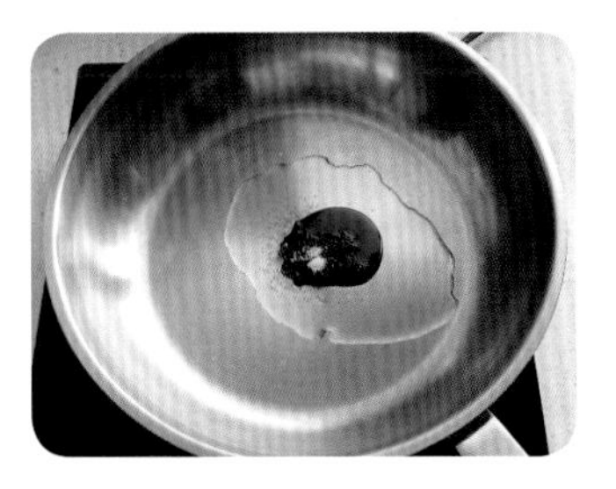

6 油热后倒入糖、盐、醋和生抽。

7 调料煮开后关火。

8 将煮好的调料淋在面条上，并拌均匀即可。

飞雪有话说

1. 夏天的时候想吃面，凉拌面是最佳的选择。
2. 凉拌面的配菜最好都是可以直接吃的，这样拌的时候就会方便许多。

鸡丝拌面

原料

面条 100 克， 花生 10 克，葱 5 克
姜 5 克，鸡肉 50 克，黄瓜 30 克

调料

芝麻酱 30 克，酱油 5 克
蒜蓉辣酱 10 克

做法 zuofa

1 葱切末，姜切片，花生炒熟后压碎。锅中加水放入葱、姜，将鸡肉焯熟。

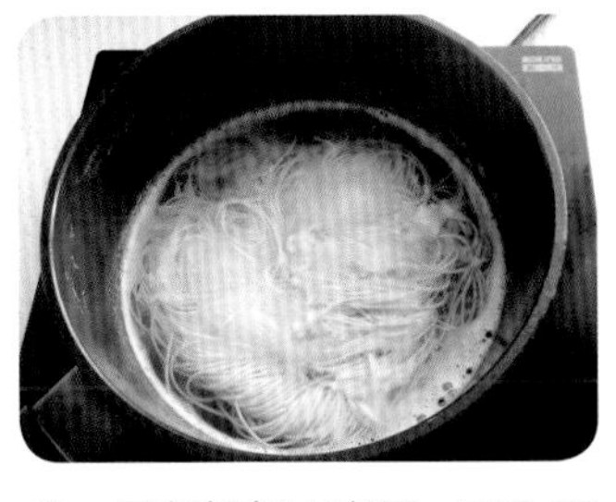

2 另起锅加水煮开，下入面条。

3 面条煮熟后捞出过凉水。

4 沥干面条的水分。

5 将焯熟的鸡肉撕成鸡丝。

6 将芝麻酱用凉开水调均匀，再放入其他调料。

7 黄瓜洗净切丝。

8 将黄瓜丝、鸡丝、花生碎和调好的酱放入面条中，拌匀即可。

飞雪有话说

1. 鸡肉焯熟后，直接撕成鸡丝，用来拌面就方便多啦。
2. 花生碎是调味的点睛之笔，不可不放。

煎蛋拌面

原料

- 鸡蛋 1 个
- 面条 100 克

调料

- XO 拌面酱 30 克
- 油适量

做法 zuofa

1 锅中放水烧开，放入面条。

2 面条煮熟后捞出，过凉水。

3 沥干水分。

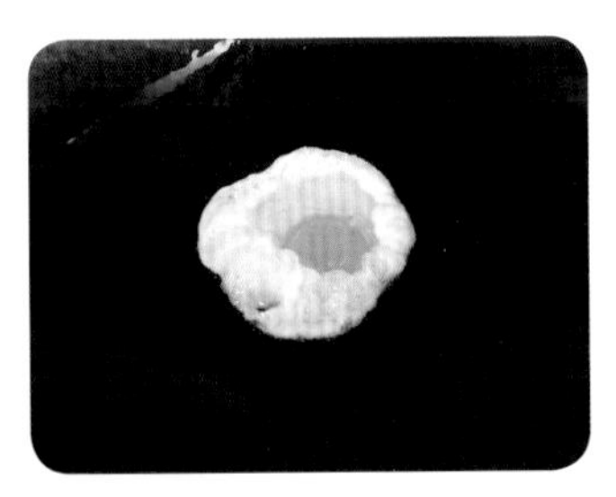

4 另起锅，锅中放少许油，将鸡蛋打入。

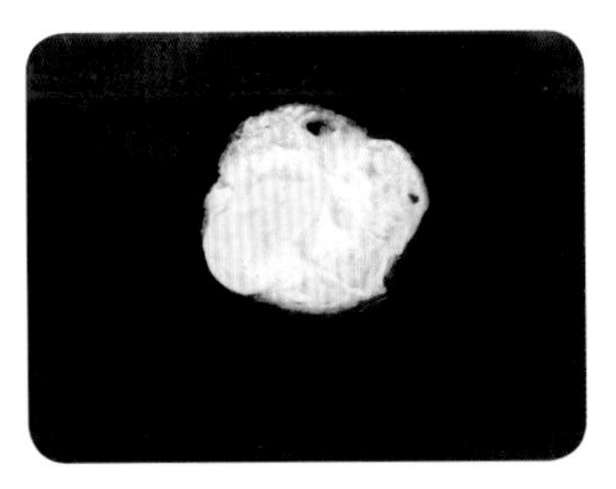

5 将鸡蛋正反两面均煎熟。

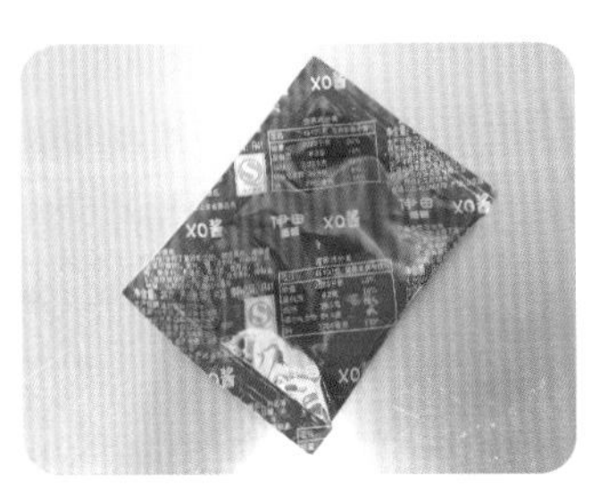

6 准备好 XO 拌面酱。

7 将酱料倒入小碗中。

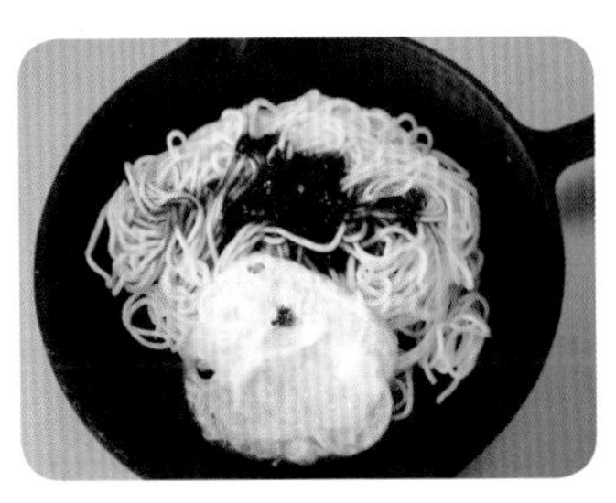

8 面条中放入酱料，并配上鸡蛋，拌均匀即可。

飞雪有话说

1. 这是一款非常简单的面条，直接加入拌面酱就能搞定。想吃面又不想太麻烦，就试试这个。
2. 如果再配上点儿蔬菜丰富营养，就更完美了。

干虾仁葱油拌面

原料

葱 25 克，面条 100 克
干虾仁 20 个

调料

酱油 15 克，盐 2 克，糖 3 克
料酒 5 克，油适量

做法 zuofa

1 先将干虾仁泡水备用。

2 锅中放油，加入葱用小火慢煎。

3 煎至葱变焦黄色时倒入开洋。

4 接着放入其他调料，关火。

5 另起锅加水烧开，放入面条。

6 面条煮熟后捞出，过凉水，沥干水分。

7 将炸好的葱油淋在面条上。

8 搅拌均匀即可食用。

飞雪有话说

葱油味道特别香，是拌面的佳侣。建议用小火慢煎，葱油会更加入味。

麻酱拌面

原料

面条 100 克，芝麻 2 克

胡萝卜 10 克，葱 2 克

调料

麻酱 15 克，醋 2 克

酱油 5 克，麻油 5 克

做法 zuofa

1 胡萝卜切丝，芝麻炒熟，葱切末。锅中加水烧开。

2 倒入面条。

3 面条煮熟后捞出，过凉水。

4 沥干水分。

5 将面条放入大碗中。

6 麻酱放入小碗中。

7 加入适量的水将麻酱调均匀，再放入其他调料一起搅拌均匀。

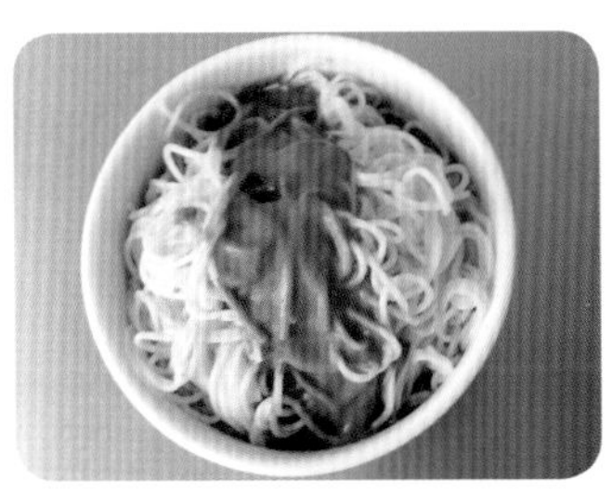

8 将拌好的麻酱淋在面条上，并配少许胡萝卜丝，撒上芝麻、葱末即可。

飞雪有话说

1. 麻酱就是芝麻磨成的酱，味道很香，用来拌面味道一流。
2. 配菜里不局限于胡萝卜，也可以有黄瓜丝、豆芽菜等。

PART 10 JIUAICHIMIAN 鲜香味美的汤面

海鲜蝴蝶面

原料

蝴蝶面 50 克，虾 4 只，蚬子若干个

葱 5 克，姜 5 克

调料

盐 3 克

油适量

做法 zuofa

1 葱切末，姜切片。锅中放油，油热后倒入葱末、姜片爆香。

2 倒入虾和蚬子。

3 炒 1 分钟后倒入水，盖上锅盖儿。

4 煮约 5 分钟。

5 至蚬子开壳。

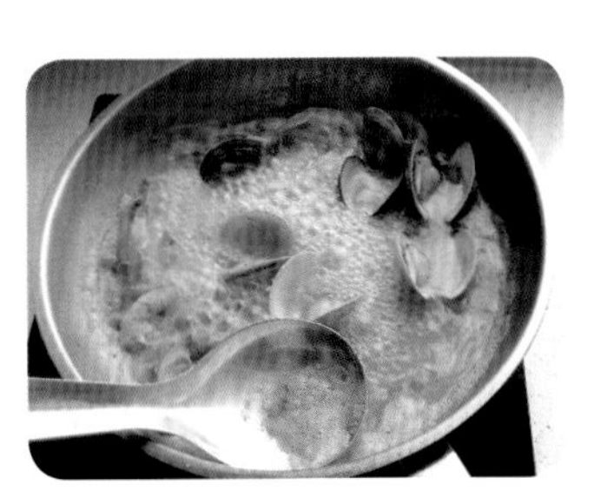

6 用勺子小心地去掉浮沫。

7 接着倒入蝴蝶面开始煮面。

8 放入适量的盐调味即可。

飞雪有话说

1. 一般蚬子开壳就是快熟了。
2. 虾也可以去壳后来做。无论去壳与否，一定要在炒前将虾肠去掉，方便食用。

鸡汤面

原料

鸡 1 只，面条 150 克

丝瓜 1 根，葱姜片少量

调料

盐 5 克

油适量

做法 zuofa

1 将鸡清洗干净后剁成小块。锅里放油，放入葱姜片爆香之后倒入鸡块。

2 炒至鸡块变色。

3 砂锅中装好水，放入炒好的鸡块。

4 将砂锅移至火上，点火烧1小时左右。

5 另准备个小锅，锅里放水，烧开。

6 水开之后倒入切成滚刀状的丝瓜。

7 再放入面条。

8 面条煮熟后捞出。碗里放适量的鸡汤和盐调味，加入面条和鸡块即可。

飞雪有话说

1. 用砂锅来煲鸡汤，可以让鸡汤更好喝。
2. 选择家里养的鸡，味道是最好的。

鸡汤手擀面

原料

鸡蛋 1 个，水少许（鸡蛋加水总共是 60 克）

面粉 100 克，鸡汤少许

调料

盐 2 克

油适量

做法 zuofa

1 将面粉倒入容器中，加入盐（1 克）、鸡蛋和水。

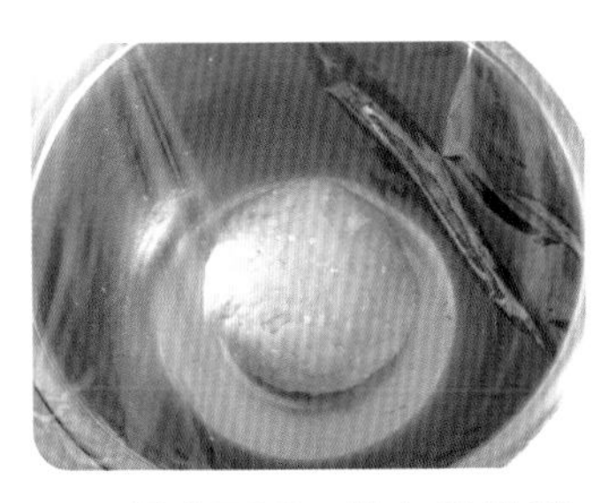

2 揉成面团，盖上保鲜膜，静置 30 分钟。

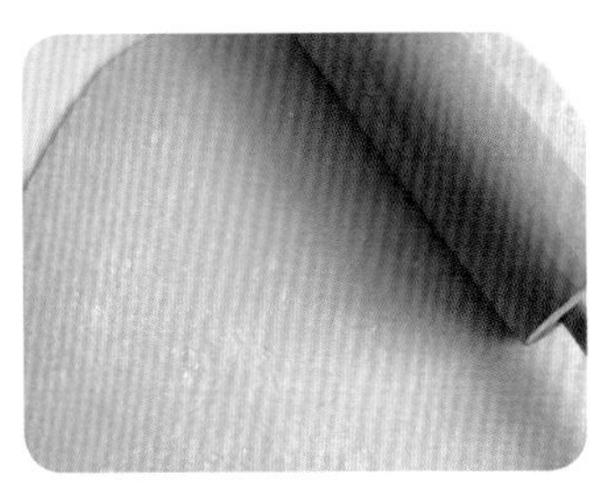

3 在案板上撒些面粉，将醒好的面按平，用擀面杖擀薄。

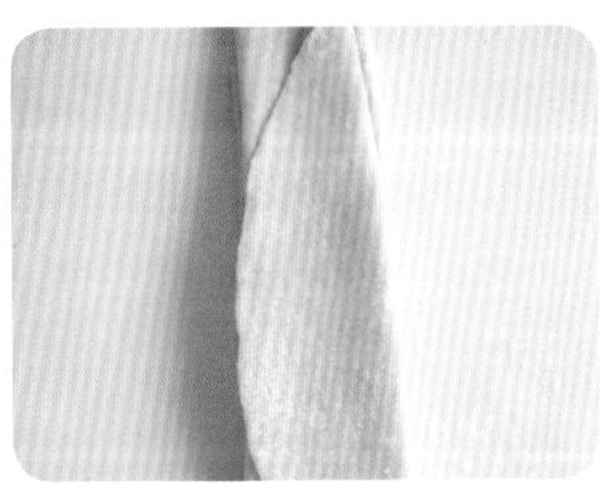

4 将擀好的面折叠，折叠前在上面撒些面粉以防粘连。

5 将叠好的面切成段。

6 锅中放水煮开，加盐（1 克）和少许油。

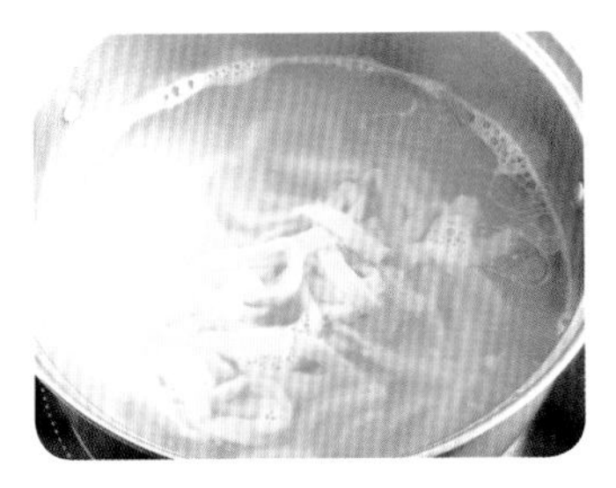

7 倒入切好的面条，煮熟。

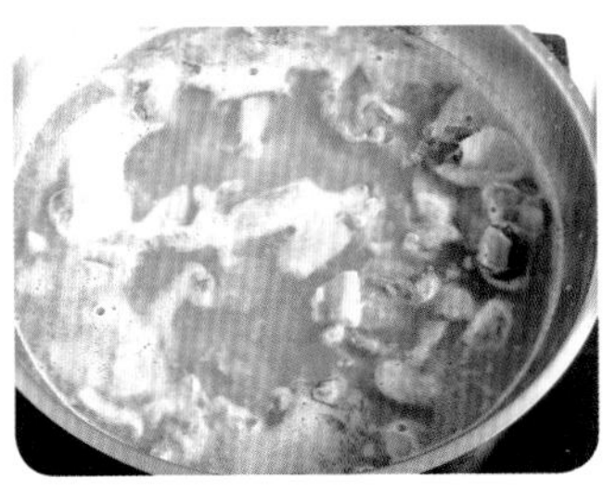

8 煮好的面条放在碗里，加入煮开的鸡汤即可。

飞雪有话说

1. 做面条和的面，水一定要少，这样做出来的面条才会筋道。
2. 和好的面团一定要醒，便于擀制，还不容易粘连。
3. 和面时加入鸡蛋，面条会更筋道。

菌菇面

原料

香菇 3 朵，面条 100 克， 娃娃菜 30 克
姜 5 克，豆干 20 克，葱 2 克

调料

酱油 5 克，盐 3 克，蒜蓉辣酱 10 克
醋 2 克，油适量

做法 zuofa

1 娃娃菜切小段，豆干切段，姜切丝，香菇切片，葱切末。锅中放入油和姜丝。

2 倒入香菇片。

3 加入适量的水。

4 加入所有调料。

5 放入娃娃菜和豆干。

6 加入面条。

7 至面条煮熟。

8 起锅前放入葱末即可。

飞雪有话说

♥ 在面条中放入菌类，不仅营养更丰富，而且菌类本身就有提鲜的作用，让面条的味道更好。

排骨面

原料

排骨 300 克，葱 5 克，姜 5 克

青菜 2 棵，平菇 1 朵，面条 100 克

调料

盐 3 克

油适量

做法 zuofa

1 葱切末，姜切片，青菜清洗干净，平菇用手撕成小段。锅中放油，倒入葱末、姜片。

2 将葱姜爆香后放入排骨。

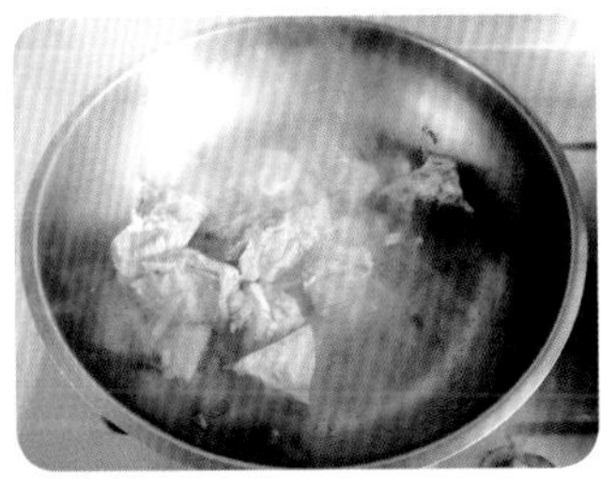

3 炒至排骨变色。

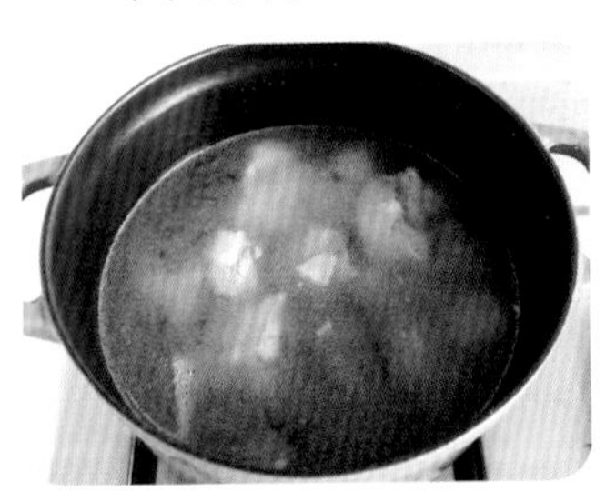

4 将炒好的排骨放入大锅中，加入适量的水。

5 开始煮至排骨变熟，再放入平菇。

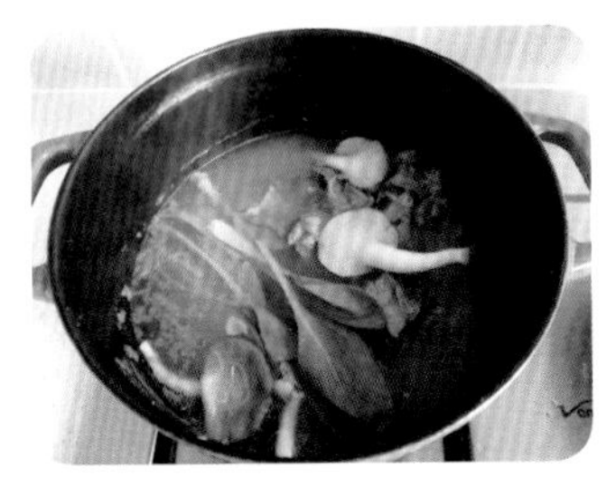

6 加入青菜。

7 放入面条。

8 煮至面条变熟，再加盐调味即可。

飞雪有话说

1. 排骨鲜香，用来做面汤，特别好吃。
2. 这里放的是细面条，和青菜一起放入即可，如果面条不容易熟，可先放面条再放青菜，这样青菜不会老。

西红柿青菜面

原料

西红柿 50 克，青菜 1 棵
面 100 克

调料

盐 5 克

做法 zuofa

1 青菜清洗后切成小段，西红柿切成滚刀块。锅中放好水。

2 开火将水烧开。

3 水开后放入面条。

4 将面条煮至八成熟。

5 倒入青菜。

6 放入西红柿。

7 加入盐调味。

8 煮好的面盛出即可。

飞雪有话说

1. 这道面条属于清淡型的，非常适合老人和小孩。
2. 汤面中加上各种蔬菜会让面条看起来更有食欲。

鲜虾鱼丸面

原料

鲜虾 2 只，鱼丸 4 个，冬瓜 4 片

乌冬面 200 克，葱 10 克，姜 10 克

调料

盐 3 克，咖喱半块

油适量

做法 zuofa

1 葱切末，姜切片，冬瓜切片，虾去肠泥。锅中放油，油热后倒入葱末、姜片。

2 将葱姜爆香后放入虾。

3 炒至虾变色后放入适量的水。

4 加入鱼丸。

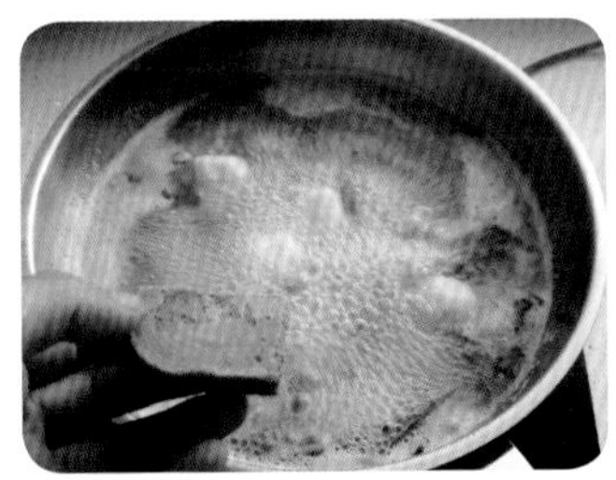

5 加入咖喱块。

6 再放入冬瓜片。

7 最后放入乌冬面。

8 煮至面条变熟，加盐调味即可。

飞雪有话说

1. 鱼丸和鲜虾都十分鲜美，可为这道面条加分。
2. 咖喱块里本身就有盐，所以这道面条就不用再加其他调味料了。

鱼汤面

原料

鱼 1 条（350 克左右），青菜 1 棵
面 100 克，葱 10 克，姜 10 克

调料

盐 3 克
油适量

做法 zuofa

1 葱切末，姜切片，青菜清洗干净，鱼去鱼鳞和内脏后清洗干净。锅中放油，油热后倒入葱末、姜片。

2 将葱姜爆香后放入鱼。

3 将鱼煸1分钟后倒入开水。

4 煮至鱼汤变白，去掉浮沫。

5 另取锅，水烧开放入面条，煮至八成熟。

6 鱼汤也烧好了。

7 在鱼汤中放入青菜。

8 再放入面条，加适量的盐调味即可。

飞雪有话说

1. 要想煮出香浓的鱼汤，要把鱼先煎一下，再加入开水，用滚水煮鱼汤，容易让汤更白。
2. 把面条先煮一下再放入鱼汤中，味道更好。

PART

11

JIUAICHIMIAN

不得不提的蔬菜面

菠菜手擀面

原料

菠菜 120 克，中筋面粉 150 克
玉米淀粉适量

调料

盐 1 克

做法 zuofa

1 将菠菜清洗干净。

2 用榨汁机将菠菜榨成汁。

3 将中筋面粉与菠菜汁混合，同时加少许盐。

4 揉成面团（菠菜汁加入的多少以能和成面团为准）。

5 在面团上撒少许玉米淀粉以防粘连。

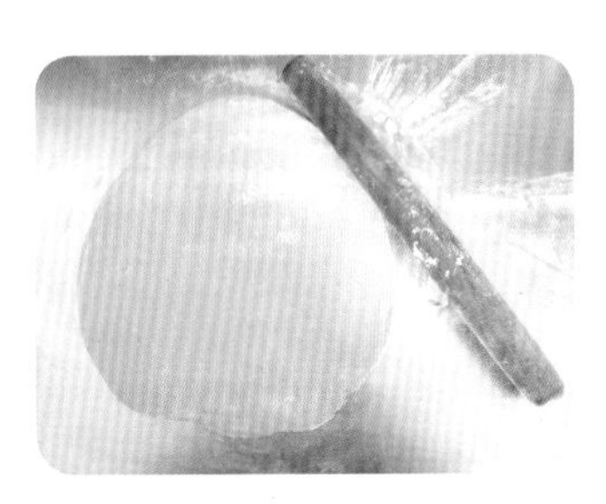

6 将面团擀成薄片。

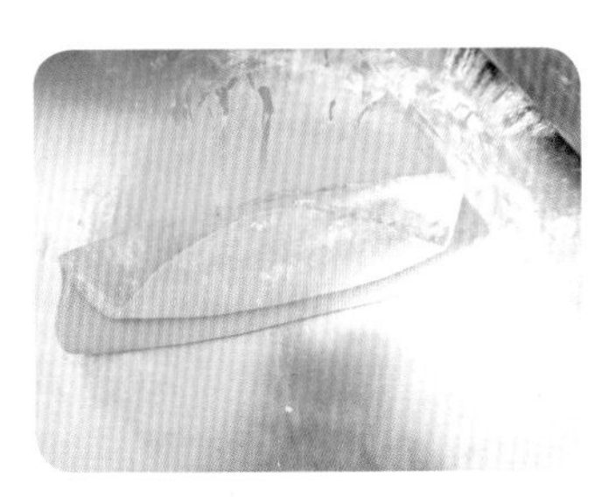

7 折叠几次。

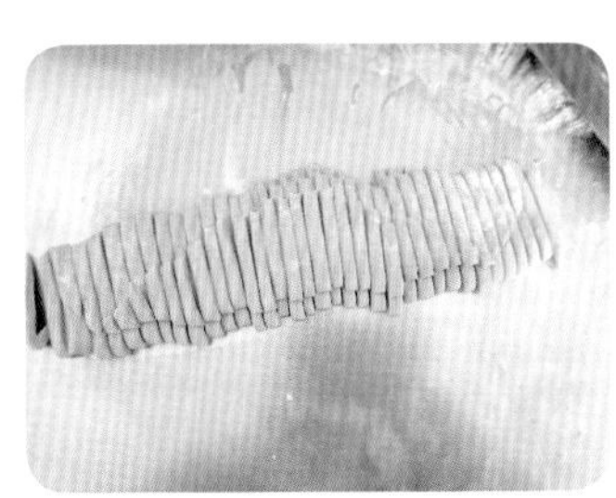

8 切成面条。

飞雪有话说

1. 用榨汁机榨菠菜汁，颜色更艳一点儿，汁水更浓一点儿。用料理机榨汁要加适量的水，蔬菜汁的颜色会淡一些。
2. 面团和好后要盖上保鲜膜醒30分钟，这样更容易擀。

彩虹面条

原料

面粉 100 克，火龙果汁 50 克
面粉 100 克，胡萝卜汁 50 克
面粉 80 克，红豆粉 20 克，水 40 克
面粉 80 克，紫米粉 20 克，水 40 克
面粉 80 克，绿豆粉 20 克，水 40 克

做法 zuofa

1 在面粉中加胡萝卜汁和成面团，其他材料依次做成相应的面团。

2 将所有面团放在盆里醒 30 分钟。

3 将 5 种面团分别压成面片。

4 将面片切成规整的形状，每个面片上都刷上水（这样做的目的是为了让面片粘连在一起）。

5 将面片依次压好。

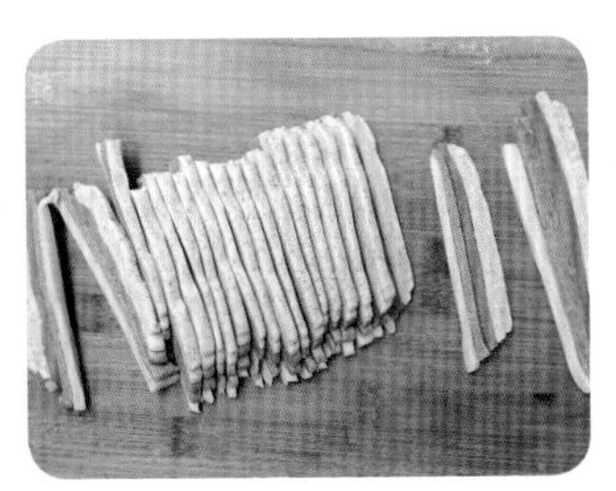

6 再切成小块。

7 用压面机将每小块面压薄即可。注意不是一次性压薄，而是慢慢调整压面机的挡位，慢慢压薄，这样出来的面条才好看。

飞雪有话说

1. 各种颜色的面团在操作上较有难度，需要有耐心。
2. 每个面团做好后放旁边醒一会儿再进行下一步操作。

彩色蝴蝶面

原料

面粉 100 克，火龙果汁 50 克
面粉 100 克，胡萝卜汁 50 克

面粉 80 克，红豆粉 20 克，水 40 克
面粉 80 克，紫米粉 20 克，水 40 克
面粉 80 克，绿豆粉 20 克，水 40 克

做法 zuofa

1 将胡萝卜去皮后切小块。

2 将胡萝卜块放入料理机并加适量的水打成胡萝卜汁。

3 面粉和胡萝卜汁放入容器中，和成面团。

4 其他材料也和成相应的面团。将面团醒 30 分钟后操作。

5 将醒好的面压成面片。

6 将面片尽可能地压薄。

7 切成长方形面片。

8 用筷子夹成蝴蝶形状即可。

飞雪有话说

1. 这里是先把面切成长方形再用筷子夹出蝴蝶形状，也可以先切成圆形再用筷子夹，形状也很好看。
2. 蝴蝶面片入锅后较容易熟，所以煮的时间不要太长。

彩色猫耳朵

原料

面粉 100 克，火龙果汁 50 克
面粉 100 克，胡萝卜汁 50 克
面粉 80 克，红豆粉 20 克，水 40 克
面粉 80 克，紫米粉 20 克，水 40 克
面粉 80 克，绿豆粉 20 克，水 40 克

做法 zuofa

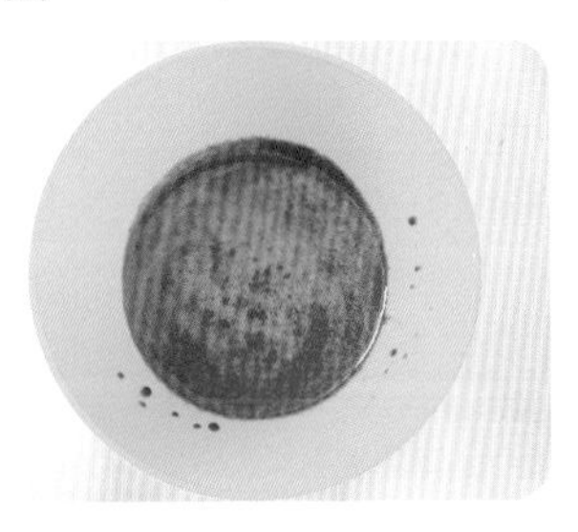

1 将火龙果用料理机榨汁，并过滤一下，去掉里面的黑籽。

2 将面粉和火龙果汁和成面团，其他材料也和成相应的面团。

3 将面团压成稍有厚度的面片。

4 用刀切成长条。

5 再切成方形块。

6 所有面团都进行同样的操作。

7 取一个寿司帘，将方形面片放在上面用手按压。

8 寿司帘的纹路会留在方形块上，猫耳朵就做成了。

飞雪有话说

面团压好后要稍醒一下，再切成方形块。最后放寿司帘上压的时候，面团要硬一点儿，这样压出来的纹路才好看。如果觉得面发黏，要及时进行补粉操作。

彩色面片

原料

面粉 100 克，火龙果汁 50 克
面粉 100 克，胡萝卜汁 50 克

面粉 80 克，红豆粉 20 克，水 40 克
面粉 80 克，紫米粉 20 克，水 40 克
面粉 80 克，绿豆粉 20 克，水 40 克

做法 zuofa

1 胡萝卜去皮后切成块。

2 将胡萝卜块放入料理机中并加入适量的水搅拌成胡萝卜汁。

3 将胡萝卜汁和面粉倒入容器中，和成面团。

4 其他材料也和成相应的面团。盖好盖儿，醒 30 分钟后再操作。

5 将面团压成面片。

6 将面片继续压薄。

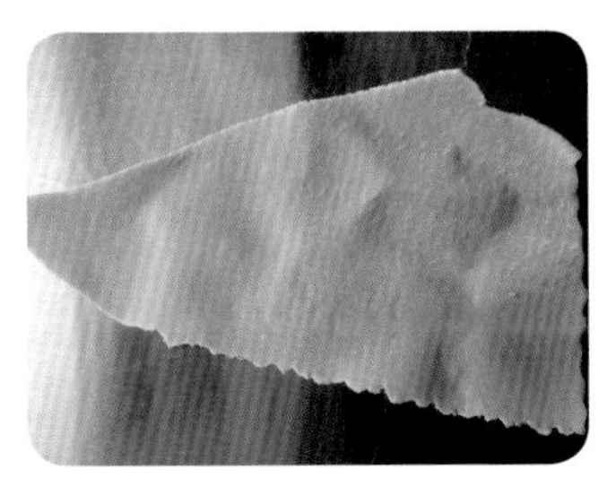

7 压好的面片。

8 用模具压出漂亮的形状即可。

飞雪有话说

❶ 面片压得越薄，煮的时间就要相应缩短。
❷ 火龙果里面有籽，所以和面之前要先过一下筛，将籽去除。

胡萝卜面条

原料

胡萝卜 120 克，冷水 60 克
中筋面粉 150 克

做法 zuofa

1 胡萝卜清洗干净。

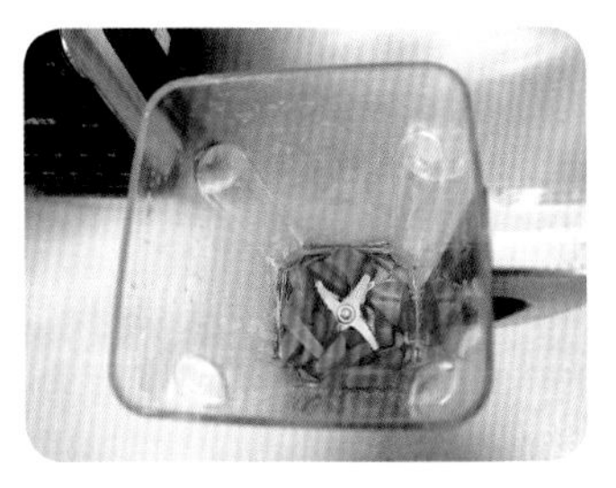

2 将胡萝卜切成小块和冷水一起放入料理机中。

3 打成胡萝卜糊。

4 取 80 克胡萝卜糊，倒入 150 克面粉。

5 揉成面团。

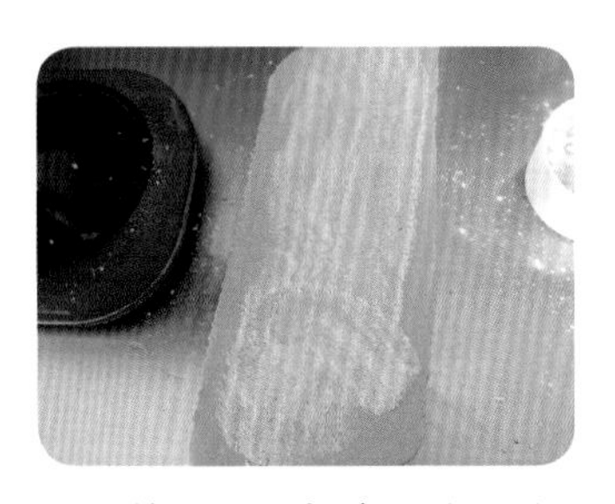

6 放入压面机中压成面片，事先要撒少许玉米淀粉以防粘连。

7 再重复压面，压出薄的面片。

8 再压成面条即可。

飞雪有话说

1. 这里的胡萝卜面条是用胡萝卜糊来做的，可以更好地保留胡萝卜的营养。
2. 面条压的粗细根据自己的喜好来选择，也可以用擀面杖做成手擀面。

火龙果面条

原料

火龙果 1 个
面粉 300 克

做法 zuofa

1 准备 1 个火龙果。

2 去皮后切成小块。

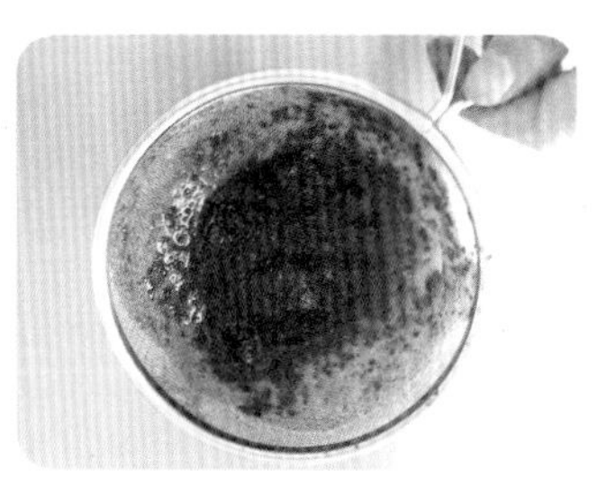

3 放入料理机中榨成火龙果汁，再过一下筛去籽。

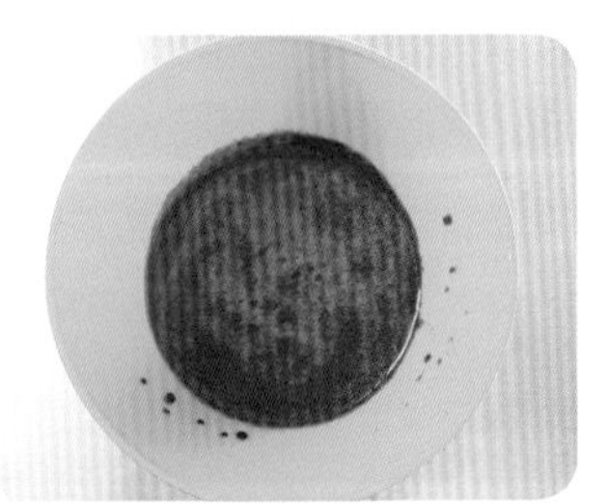

4 做好的火龙果汁。

5 将面粉和 150 克火龙果汁放入容器中，揉成面团。

6 将和好的面团，盖好盖儿醒 30 分钟，然后放入压面机。

7 先压成薄片。

8 再压成面条。

飞雪有话说

1. 火龙果面条的颜色十分好看。不用担心火龙果的甜味会影响面条的口味，实际上煮好后，基本上吃不出甜味。
2. 如果喜欢，可以保留火龙果的籽，也可以像步骤 3 一样过筛。

南瓜手擀面

原料

南瓜 80 克，水 40 克，面粉 150 克

玉米淀粉适量

做法 zuofa

1 将南瓜切成小块。

2 放入微波炉中用高火加热 3 分钟取出。

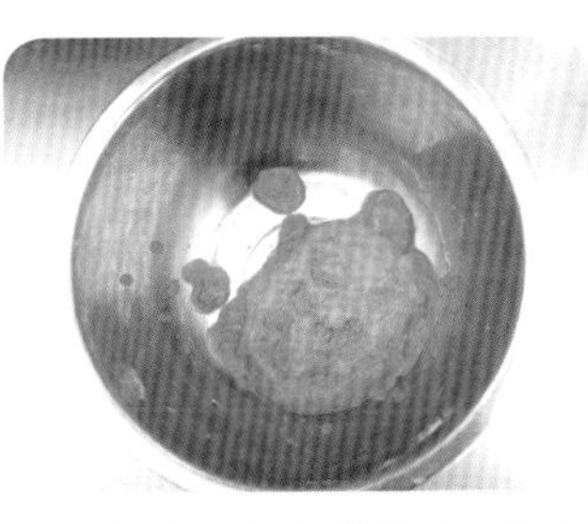

3 将南瓜放入搅拌机，加水搅拌成糊状。

4 南瓜糊放凉后倒入面粉。

5 和成面团。

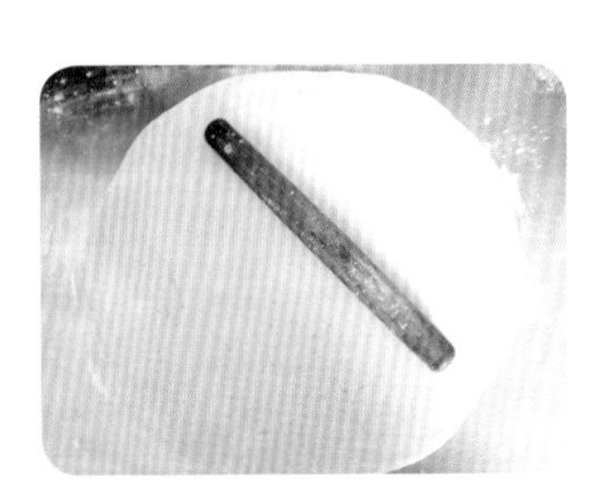

6 用擀面杖将面团擀薄。

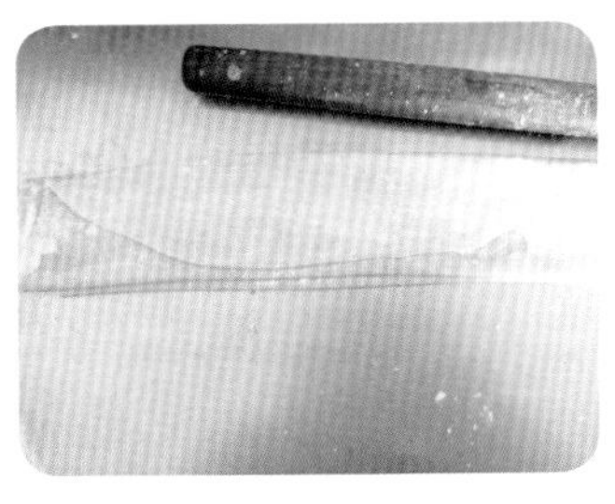

7 将擀好的面折叠起来，撒些玉米淀粉以防粘连。

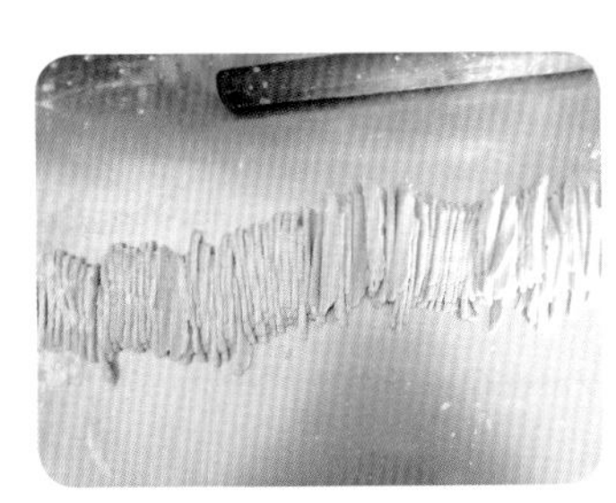

8 最后切成面条即可。

飞雪有话说

1. 做手擀面的时候，面要尽量和得硬一点儿。
2. 面团和好后盖上保鲜膜放一会儿，可以有效醒面，让面团好擀。

紫薯面条

原料

紫薯 60 克，水 120 克

面粉 200 克

做法 zuofa

1 将紫薯切成小块。

2 加入水搅拌成碎糊状。

3 然后取 100 克紫薯糊和 200 克面粉。

4 揉成面团，视情况决定要不要添加水。

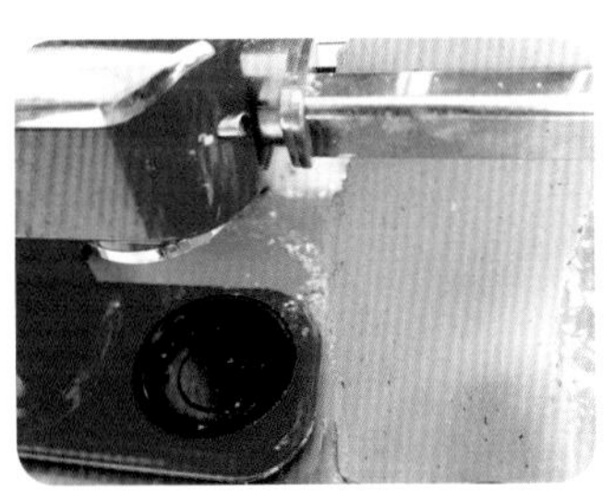

5 将揉好的面团放入压面机中，压成面片。

6 最后切成面条即可。

飞雪有话说

1. 这里是用压面机压成的粗面条，如果喜欢吃细面条，可以压成细的。
2. 和面团时可以加少许的盐，这样能让做出来的面条更有滋味。

PART

12

JIUAICHIMIAN

有益健康的杂粮面

红豆面

原料

面粉 80 克，红豆粉 20 克
水 40 克

做法 zuofa

1 将红豆放入料理机中。

2 磨成红豆粉。

3 过一下筛红豆粉会更细腻。如果喜欢颗粒感的，也可不用过筛。

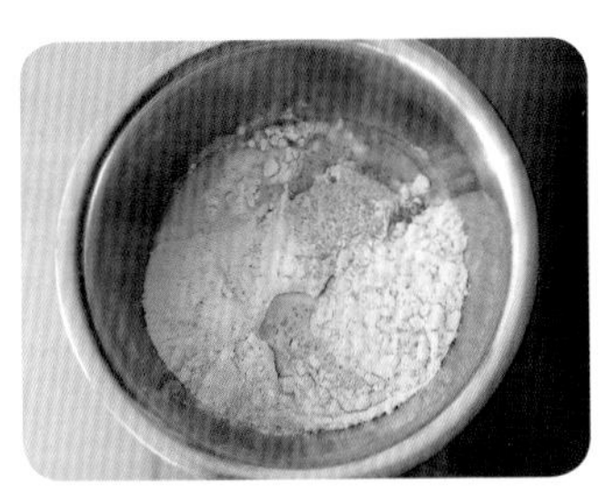

4 将红豆粉、面粉和水放入容器中。

5 和成面团，盖上盖儿醒 30 分钟。

6 将醒好的面用压面机压成面片。

7 根据自己喜欢的厚薄程度压出相应的厚薄。

8 再压出细面条即可。

飞雪有话说

1. 面条中加入相应的粗粮，吃起来更健康。
2. 因为面粉的吸水性，和面时先少放一点儿水，等面粉完全吸水后再考虑是不是要加水。

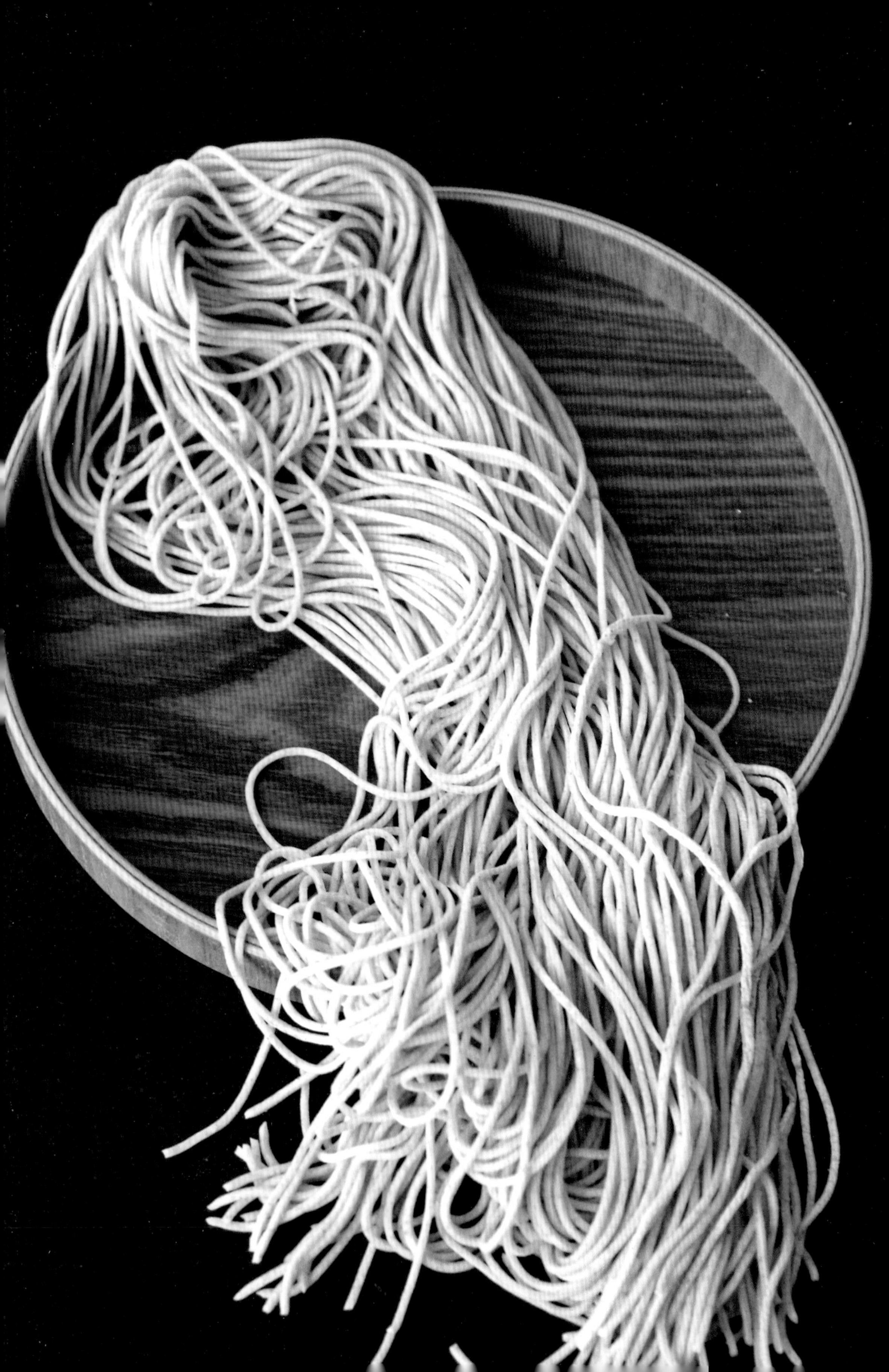

绿豆面

原料

面粉 80 克，绿豆粉 20 克

水 40 克

做法 zuofa

1 将绿豆放入料理机中。

2 磨成绿豆粉。

3 再过一下筛会更细腻。

4 将绿豆粉、面粉和水放入容器中。

5 和成面团，盖上盖儿醒 30 分钟，这样做的目的是为了接下来好操作。

6 将醒好的面压成面片。

7 根据自己喜欢的厚薄程度，压出相应的厚薄。

8 再压出细面条即可。

飞雪有话说

1. 绿豆做的面条比较适合夏天吃。
2. 做杂粮面条时，杂粮的比例一定不要过多，太多的话，面条就容易松散，不起筋，也不易成形。

紫米面

原料

面粉 80 克，紫米 20 克
水 40 克

做法 zuofa

1 将紫米放入料理机中。

2 磨成紫米粉。

3 再过一下筛会更细腻。

4 将紫米粉、面粉和水放入容器中。

5 和成面团，盖上盖儿醒 30 分钟，让面团充分吸收水分。

6 将醒好的面压成面片。

7 根据自己喜欢的厚薄程度，压出相应的厚薄。

8 再压出细面条即可。

飞雪有话说

1. 料理机的功率越大，磨出来的粉就越细。
2. 在压面的时候注意，面团一定要稍硬一点儿，这样的面团容易擀压，而且吃起来面条会更筋道，口感好。

荞麦面

原料

面粉 200 克，荞麦粉 50 克
水 100 克，玉米淀粉

做法 zuofa

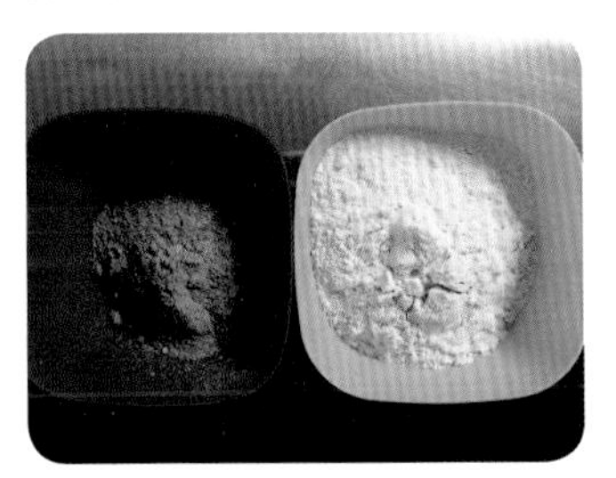

1 准备好两种粉。

2 将面粉和荞麦粉混合在一起，放在容器中。

3 倒入适量的水。

4 混合成团，盖上盖儿醒 30 分钟。

5 放入压面机中，压出面片。

6 根据自己喜欢的厚薄程度，压出相应的厚薄，我一般喜欢用 5 挡。

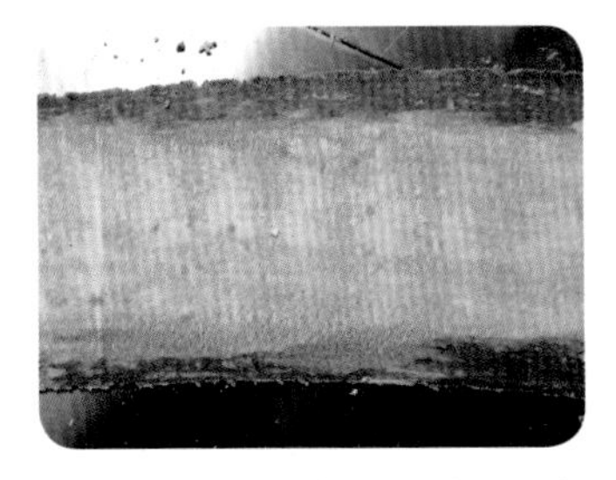

7 如果粘连的话，可以撒少许玉米淀粉防粘连。

8 再压出细面条即可。

飞雪有话说

1. 面粉中加入了少许的粗粮，但比例也不要太大，太大吃起来口感不太好。
2. 面粉加入水后再醒一会儿会更加好操作。

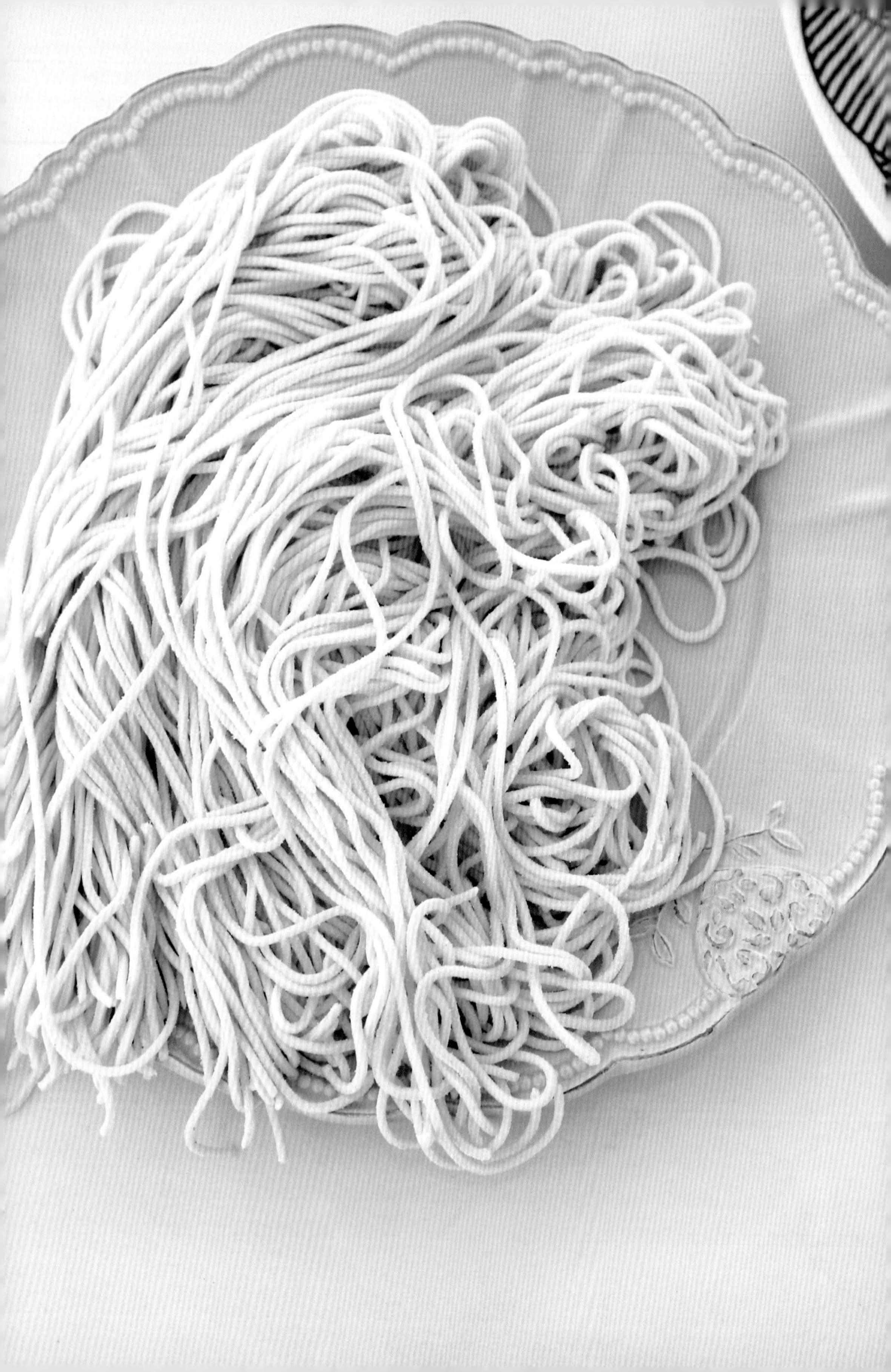

玉米面

原料

面粉 200 克，玉米粉 50 克

水 100 克，玉米淀粉适量

做法 zuofa

1 将玉米粉和面粉分别放入容器中，称量好分量。

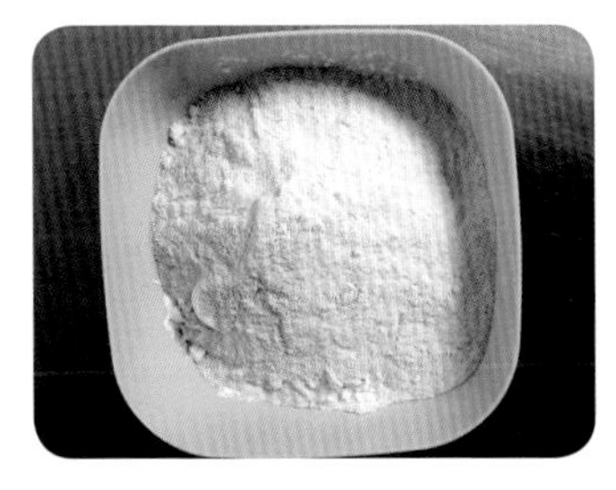

2 再将玉米粉和面粉混合。

3 加入适量的水。

4 和成较硬的面团，盖上盖儿醒 30 分钟。

5 放入压面机中，先压成较厚的面片。

6 根据自己喜欢的厚薄程度，压出相应的厚薄，我一般喜欢用 5 挡。

7 如果面团粘连的话，可以撒少许玉米淀粉。

8 再压出细面条即可。

飞雪有话说

1. 面团加水后盖盖儿醒 30 分钟，是为了好操作，也可以直接操作，就要多压几次。
2. 玉米粉做出来的面条颜色特别好看。

PART

13

JIUAICHIMIAN

特色面条

北京炸酱面

原料

五花肉 80 克，黄瓜 50 克，绿豆芽 50 克，面条 100 克
胡萝卜 30 克，木耳 3 朵，豆子 12 颗，葱 5 克，姜 5 克

调料

干黄酱 20 克，甜面酱 10 克
酱油 5 克，油适量

做法 zuofa

1 菜类洗干净，豆子泡水并煮熟，葱切末，姜切片，肉切丁，木耳泡软。锅中放油，油热后放入葱末、姜片。

2 将葱姜爆香后倒入肉丁，炒至肉变色。

3 加入混合好的干黄酱、甜面酱和酱油。

4 再加适量的水，煮一会儿关火。

5 豆芽焯水。

6 木耳焯水。

7 胡萝卜、木耳、黄瓜均切丝。

8 面条煮熟后过凉水沥干，上面配各种配料和炸酱即可。

飞雪有话说

1. 这个是北京炸酱面的改良版，按自己的喜好加入不同的青菜。
2. 黄瓜需要提前煮熟再放。
3. 做好的肉酱吃不完，可以放冰箱冷藏。

四川担担面

原料

面条 100 克，肉 50 克，芽菜 50 克
葱 5 克，姜 5 克，青菜 2 棵

调料

生抽 10 克，料酒 5 克，辣椒酱 5 克，花椒油 3 克
胡椒粉 1 克，醋 3 克，老抽 5 克
香油 3 克，辣椒油 5 克，油适量

做法 zuofa

1 肉切肉丁，葱切末，姜切片。锅中放油，倒入葱末、姜片爆香，再放入肉丁。

2 炒至肉丁变色。

3 加生抽、料酒、辣椒酱。

4 再放入芽菜炒好备用。芽菜用的是四川的成品芽菜，可以直接吃，味道已经在里面了。

5 锅中水烧开，放入面条煮熟。

6 再放入青菜，关火。

7 将老抽、花椒油、辣椒油、胡椒粉、香油、醋混合。

8 将面条和青菜倒入酱料中混合好即可。

飞雪有话说

1. 汤可以选择高汤，味道更佳。
2. 这道面的特色就是香辣爽口，越吃越好吃。

陕西油泼面

原料

面 100 克，水 60 克，青菜 1 棵
豆芽 10 克，葱花 3 克，姜 3 克，蒜 3 克

调料

花椒粉 1 克，辣椒粉 1 克，酱油 5 克
醋 2 克，盐 1 克，糖 1 克，油适量

做法 zuofa

1 将面和水和成面团，醒 1 小时备用。

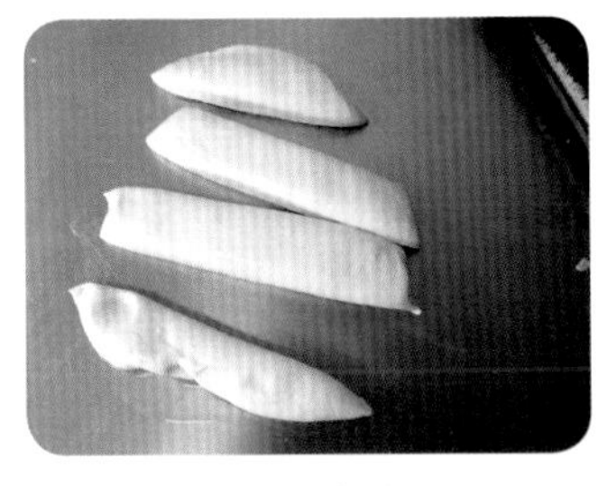

2 将面团切成长条。

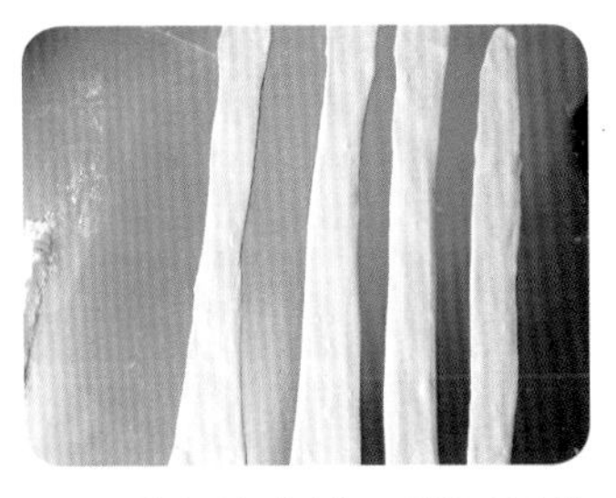

3 手上抹点油，将面条拉长。

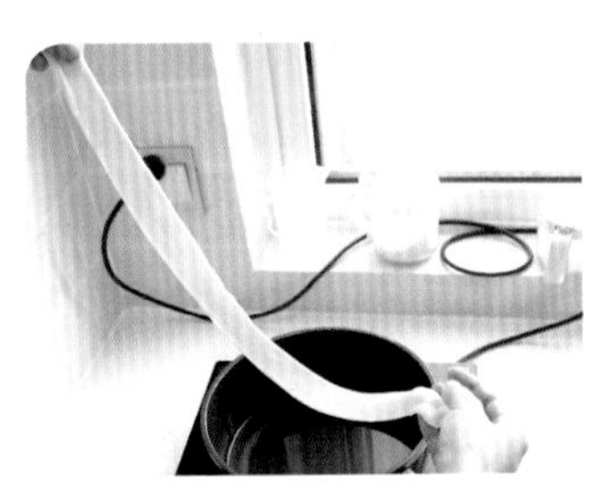

4 锅中水烧开，将面条放入。

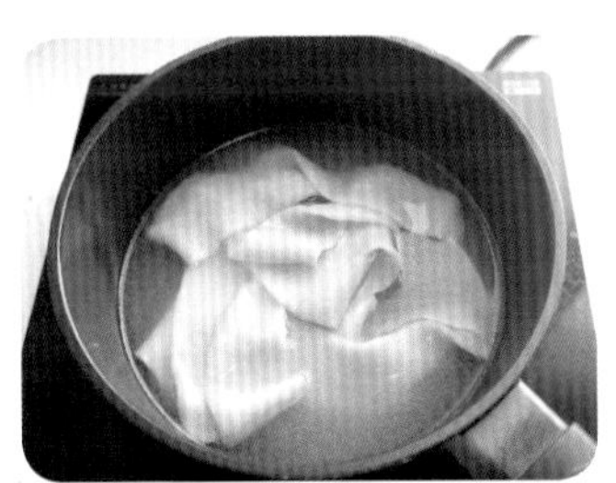

5 煮至九成熟。

6 放入青菜、豆芽，煮好关火取出。

7 锅中放油烧热。

8 将面条装在碗中，放入各种调料及葱姜蒜，再淋上油即可。

飞雪有话说

1. 这里的面条制作稍有难度，和成的面团要滋润、光滑，要出筋，这样拉的时候才会拉长，否则易断。
2. 拉的时候，要注意在面条上抹油，否则不易拉长。

韩国冷面

原料

荞麦面 200 克，鸡蛋 1 个，黄瓜半根，梨 2 片
泡菜 10 克，牛肉 2 片，葱 5 克，姜 5 克

调料

醋 5 克，酱油 5 克，柠檬汁适量
糖 5 克，盐 2 克，油适量

做法 zuofa

1 葱切末，姜切片，鸡蛋煮熟。

2 牛肉焯水。

3 加入葱姜，牛肉煮熟后切片备用。

4 荞麦面用冷水浸泡好后煮熟。

5 将面条放入碗中，过凉水并沥干水分。

6 在冷开水中，加入醋、酱油、糖、盐、柠檬汁，调好汁备用。

7 将面条放入调好的汁中。

8 码上鸡蛋、梨丝、黄瓜片、牛肉片，再配上泡菜即可。

飞雪有话说

1. 这道面适合放凉了吃，所以夏天吃是再好不过的了。
2. 配料较多，最经常放的就是牛肉和鸡蛋，其他的可以根据自己的喜好来放。

意大利面

原料

- 肉馅 200 克
- 意大利面 250 克

调料

- 意大利面酱 250 克
- 油适量

做法 zuofa

1 锅中放油，烧热后倒入肉馅。

2 将肉中水分炒干。

3 加入意大利面酱，煮 2 分钟即可。

4 煮好的意大利面肉酱，可以随吃随取，尽量在一两天内吃完。

5 锅中放水煮开，放入意大利面。

6 煮 10 分钟。

7 将面条取出，拌上意大利面肉酱。

8 拌均匀即可。

飞雪有话说

1. 意大利面较硬，煮的时间要长一点儿，一定要注意煮熟、煮透。
2. 用意大利面酱来做这道面非常方便，超市就有售。

意大利肉酱螺丝面

原料

- 意大利螺丝面 100 克
- 肉酱 50 克

调料

- 意大利面酱 50 克
- 油适量

做法 zuofa

1 锅中放水，烧开。

2 放入面条，煮 10 分钟左右至熟。

3 取出过凉水。

4 沥干水分。

5 锅中放少许油，加入肉酱。

6 再放入意大利面酱。

7 炒均匀后关火。

8 将面酱倒在面条上即可。

飞雪有话说

因为意大利面较硬，难煮熟，所以煮的时间要较普通面条长一点儿。

肉酱通心粉

原料

通心粉 100 克，肉 100 克
葱 10 克

调料

甜面酱 25 克，盐适量
豆瓣酱 10 克，油适量

做法 zuofa

1 葱切末，肉切末。

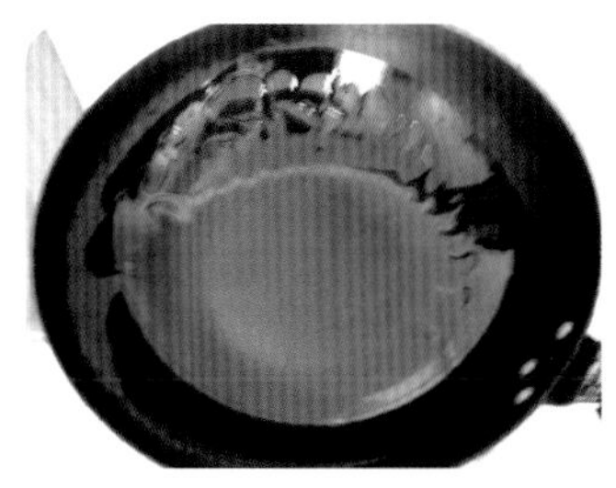

2 锅中放少许油，烧热。

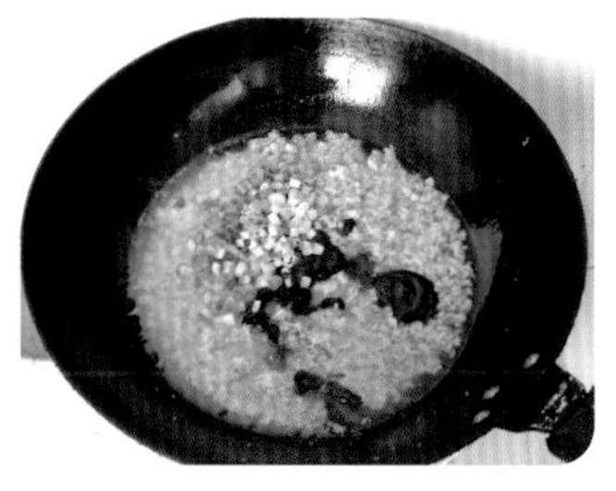

3 倒入肉末炒香，再加入葱末、甜面酱、豆瓣酱和适量的水，稍煮片刻。

4 汤锅中放水煮开，水中加少许油和盐。

5 倒入通心粉。

6 煮好后取出，沥干水分。

7 倒入少许油，搅拌。

8 搅拌好后，加入面酱搅拌好即可。

飞雪有话说

1. 这里用的是两头尖的通心粉，其他形状的也可。
2. 煮意面的时候锅中放油和盐，这样煮出的意面比较好吃。
3. 甜面酱和豆瓣酱里都有盐了，不用再放盐。

虾仁意面

原料

意大利面 70 克，青椒 1 个，木耳 1 朵
胡萝卜 10 克，虾 4 只

调料

意大利面酱 60 克
油适量

做法 zuofa

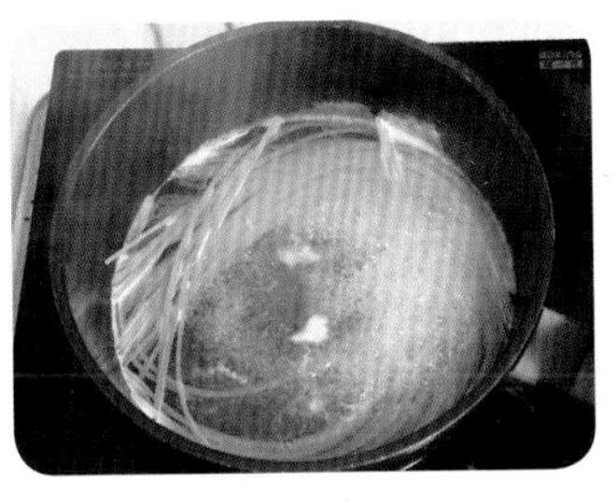

1 木耳提前泡软切成丝，青椒去籽后切丝，胡萝卜切丝，意大利面放入沸水中煮 10 分钟后取出。

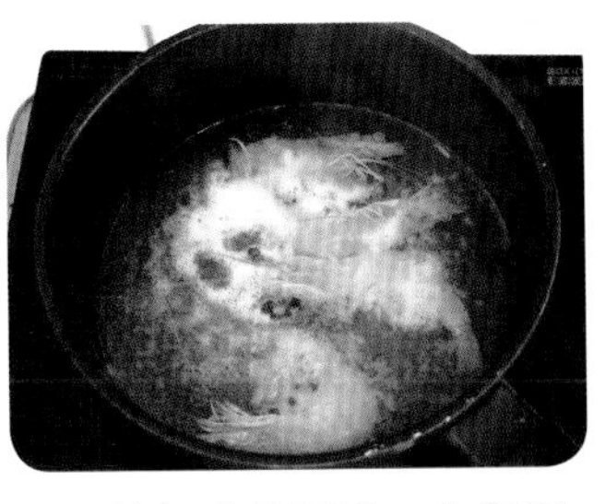

2 将虾清洗干净，去肠泥。放入锅中煮开，去掉壳。

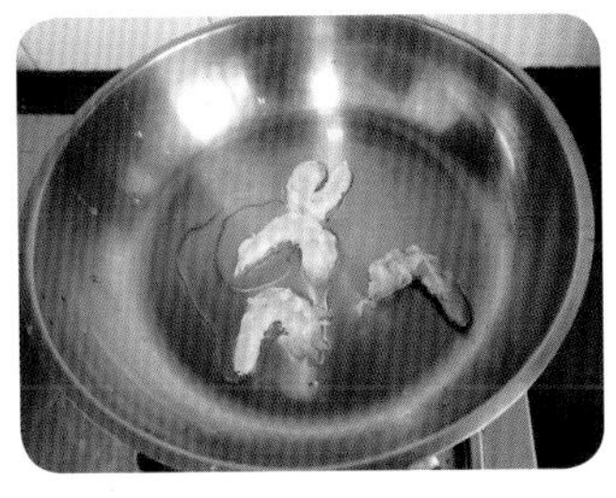

3 锅中放少许的油，烧热后倒入虾仁。

4 再倒入意大利面酱，炒均匀。

5 加入少量的热水。

6 水开后倒入意大利面。

7 再加入青椒丝、木耳丝和胡萝卜丝。

8 一起翻炒均匀即可。

飞雪有话说

1. 虾也可以去壳后直接炒，这里是先焯水去腥后再炒的。
2. 意大利面酱是做意大利面的好帮手，喜欢吃意大利面的可以常备。

上海阳春面

原料

面条 65 克，鸡蛋 1 个

葱 5 克

调料

猪油 10 克，酱油 3 克

盐 2 克，油适量

做法 zuofa

1 锅中加水烧开，下入面条。

2 至面条煮熟。

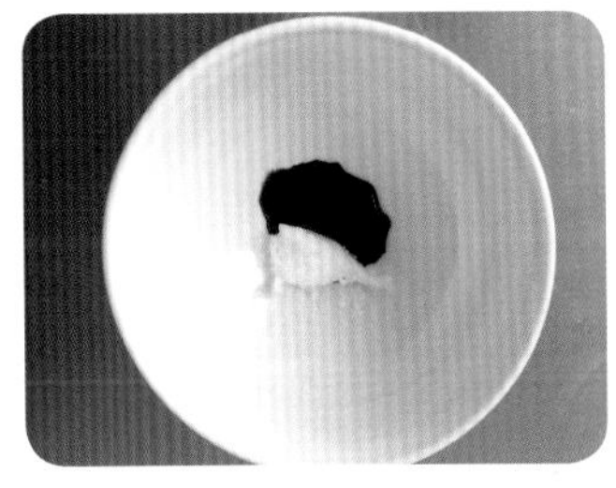

3 碗里放好酱油、猪油和盐。

4 用煮面条的水将调料冲开。

5 放入面条。

6 撒上切好的葱末。

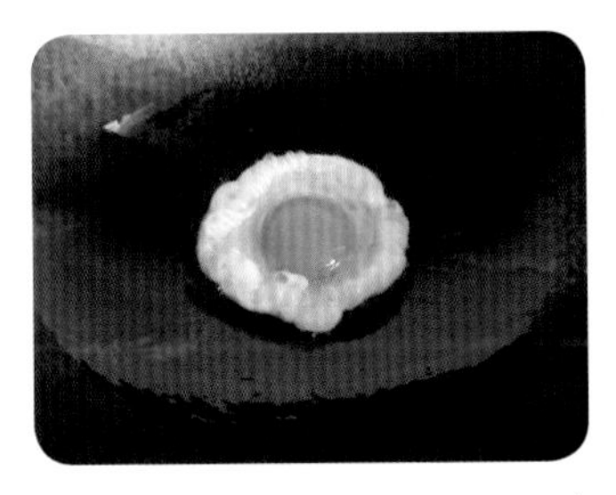

7 锅中放油烧热，打入鸡蛋。

8 将鸡蛋正反两面均煎熟后，配面条食用。

飞雪有话说

1. 做这道面条，是一定要放猪油和葱花的，葱花最好选择嫩的香葱。
2. 煎蛋的时候，注意火力要小，正反两面都要煎熟，锅里放适量的油，可以让煎蛋更滋润。

PART

14

JIUAICHIMIAN

超好吃的面条衍生品

炒猫耳朵

原料

胡萝卜 20 克，玉米粒 10 克，黄瓜 50 克
火腿 20 克，面 60 克

调料

盐 3 克
油适量

做法 zuofa

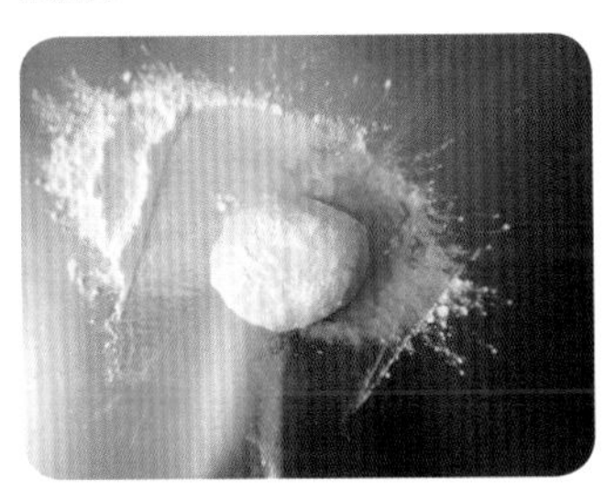

1 胡萝卜、黄瓜、火腿均切丁备用。将面粉中倒入水，和成面团。

2 面团醒 10 分钟后，用擀面杖擀成面饼形。

3 用刮板将面饼切成方形的小片。

4 将所有方形小面片裹上面粉。

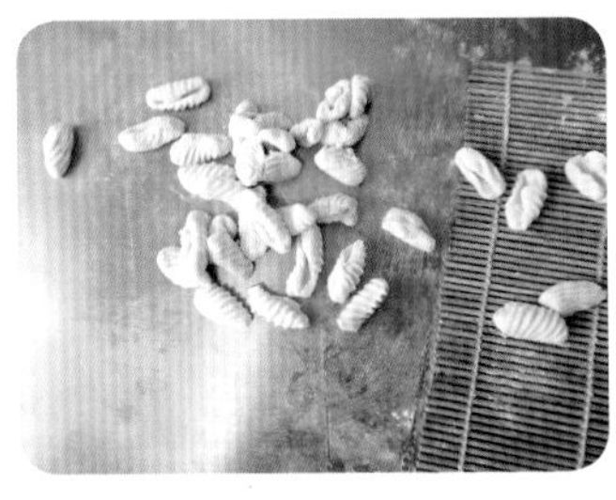

5 将小面片放在寿司帘上用手压成猫耳朵形。

6 锅中放水烧开，倒入猫耳朵，煮至八成熟后取出，沥干水分备用。

7 另取锅，倒入适量的油烧热，放入胡萝卜丁、玉米粒、黄瓜丁、火腿丁，炒均匀。

8 再倒入猫耳朵和适量的盐炒好即可。

飞雪有话说

1. 面团要和得稍硬一点儿，这样和好的面团容易按压出纹路。
2. 加入的配料都比较容易熟，所以炒一会儿就可以了。

瓠子疙瘩汤

原料

瓠子 100 克，蛋白 2 个，速冻豌豆 30 克
速冻玉米粒 30 克，面粉 100 克

调料

盐 3 克

做法 zuofa

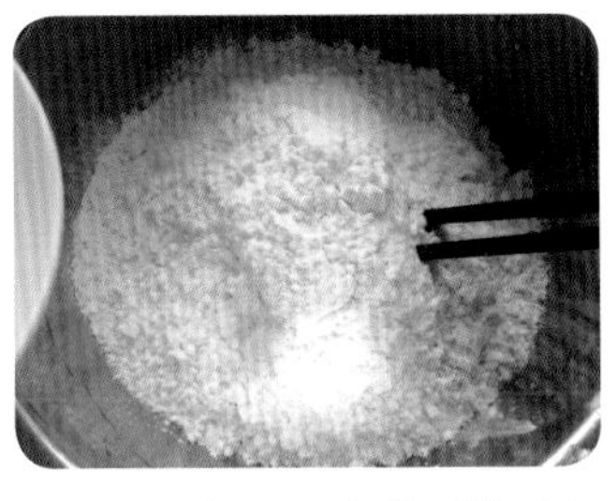

1 面粉加入水和盐（盐稍多些的话，汤里就不用放盐了）。

2 和成湿的面团。

3 锅中放入豌豆、玉米粒和瓠子刨成的丝。

4 倒入开水。

5 煮开后，打入蛋白。

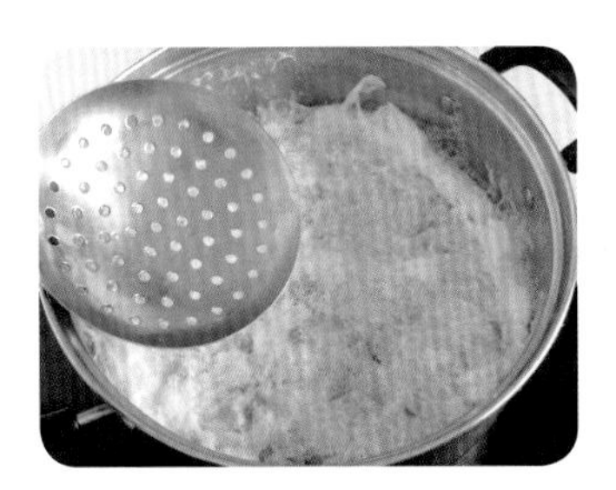

6 用勺子去掉浮沫。

7 将湿的面糊，慢慢地一个一个地倒入锅中，形成小疙瘩。起锅前，先调好咸淡。

8 烧好后装在容器里即可。

飞雪有话说

1. 和面团之前，面粉最好过筛一下，这样里面不会有颗粒。
2. 第 4 步中锅中倒入开水，目的是为了让水开得更快一些，不着急也可用冷水。

南瓜疙瘩汤

原料

南瓜泥 200 克，中筋面粉 110 克
青豆 30 克，韭菜 2 根，鸡蛋 1 个

调料

盐少许

做法 zuofa

1 蒸熟的南瓜泥放凉，加入面粉搅拌均匀。醒 30 分钟后，再次搅拌。

2 锅中放适量的水，青豆洗净后倒入锅中。

3 将水煮开。

4 转小火，打入 1 个鸡蛋。

5 一直用小火，让鸡蛋在水中稍定型。

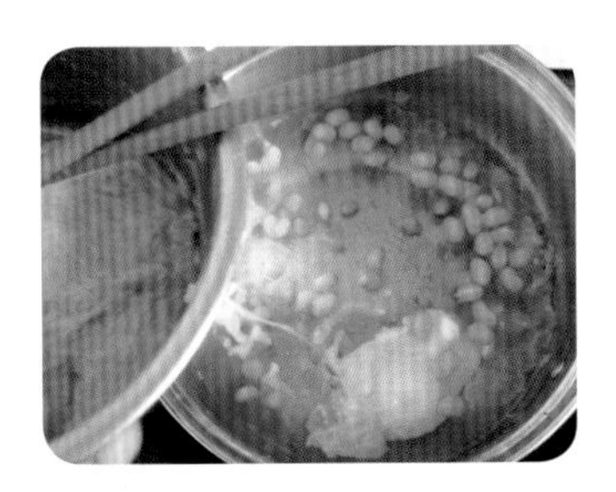

6 再慢慢用筷子拨入南瓜面糊。

7 转中火，将南瓜疙瘩煮熟。

8 关火，放入韭菜段和适量的盐，盛出即可食用。

飞雪有话说

1. 这道疙瘩汤是用南瓜来和的面，所以颜色鲜艳，让人更有食欲。
2. 韭菜特别容易熟，所以要在起锅前放。

排骨面片汤

原料

面粉 50 克，水 25 克，排骨 200 克

角瓜 30 克，胡萝卜 30 克，葱 5 克，姜 5 克

调料

盐 3 克

油适量

做法 zuofa

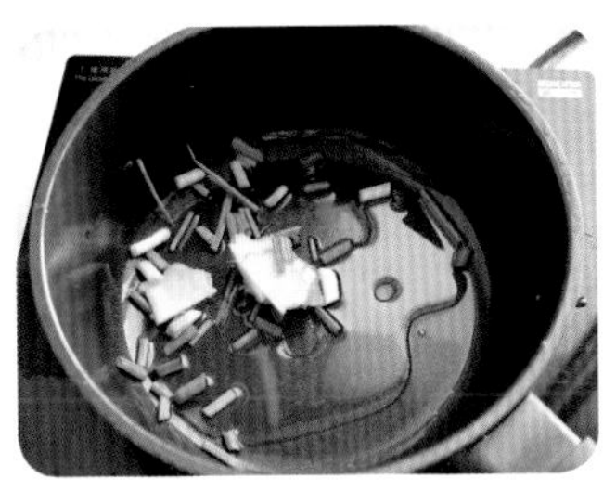

1 葱切末，姜切片，胡萝卜和角瓜切片，排骨剁成块。锅中放少许油，烧热后倒入葱末、姜片。

2 将葱姜爆香后再倒入排骨，炒至排骨变色。

3 加入适量的水，开始烧排骨汤。

4 面粉加水和成面团。醒一会儿之后将面团擀成面饼。

5 用刮板将面饼切成小段。

6 用手将每小段面饼抻长并揪成小面片。

7 排骨汤烧好后，倒入小面片。

8 再放入胡萝卜片和角瓜片，关火，加适量的盐调味即可。

飞雪有话说

1. 排骨烧的时间较长，所以水量要多加点儿。
2. 如果不喜欢排骨汤里面粉味太重，也可以将面片先焯水后再放入。

丝瓜疙瘩汤

原料

丝瓜 1 根，鸡蛋 3 个，面粉 200 克
开水 90 克

调料

盐少许

做法 zuofa

1 将丝瓜洗净去皮，并切成滚刀块。切成滚刀块比较方便，形状也好看。

2 在锅内放入适量的水，倒入丝瓜煮开。

3 将面粉倒入一个干净的容器中。

4 慢慢地倒入滚开的水，将面粉搅拌成小颗粒状。水一定要慢慢地加，否则容易成团，成不了小疙瘩了。

5 当丝瓜汤烧开后，倒入搅拌好的面疙瘩。

6 煮开后，会有少许浮沫，用勺子去除。

7 倒入已搅拌均匀的鸡蛋液。水一定要滚开，鸡蛋液才能开花，或者少勾一点儿芡粉也行。

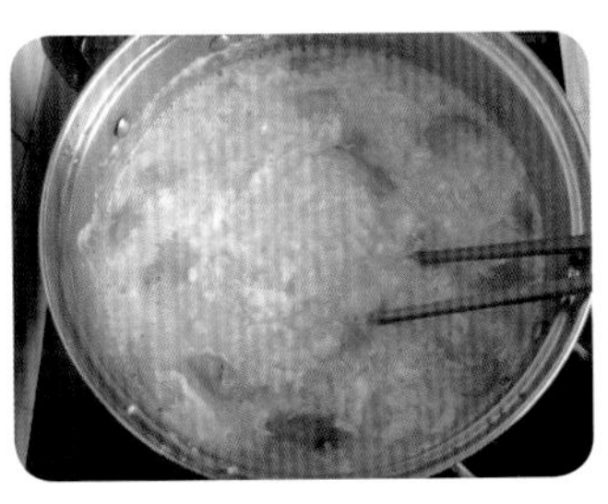

8 最后放入适量的盐调味即可。

飞雪有话说

1. 疙瘩汤的做法有好几种，这里是将面粉先搅拌碎再下锅。
2. 配菜用的丝瓜可用其他蔬菜代替。煮丝瓜一定不要用铁锅，否则丝瓜易变黑。

鲜虾云吞面

原料

虾3只，云吞5个，面条50克
葱5克，姜5克，毛豆20个

调料

盐3克
油适量

做法 zuofa

1 葱切末，姜切片，虾去肠泥。

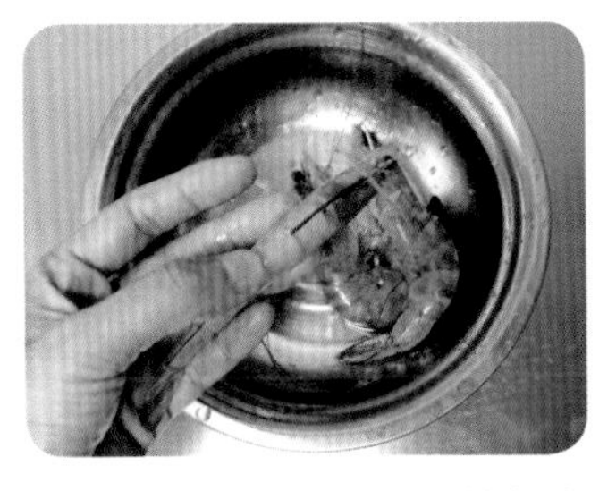

2 将虾清洗干净后剥掉虾壳备用。

3 锅内放油烧热，将剥下的虾壳放入，炸出虾油。

4 将虾壳取出，再放入虾仁，炒至变色，放入葱末、姜片。

5 加入适量的水，放入毛豆。

6 煮一会儿后放入云吞。

7 再放入面条。

8 面条煮熟后加盐调味即可。

飞雪有话说

1. 炸出来的虾油，特别香，用来做这道面再合适不过了。
2. 云吞煮的时间相对面条要稍长一点儿，所以要先放云吞，煮一下后再放入面条。

图书在版编目（CIP）数据

就爱吃面／飞雪无霜著. —沈阳：辽宁科学技术出版社，2017.3

ISBN 978-7-5381-9675-7

Ⅰ. ①就… Ⅱ. ①飞… Ⅲ. ①面条—食谱 Ⅳ. ①TS972.132

中国版本图书馆CIP数据核字（2017）第025168号

出版发行：辽宁科学技术出版社

（地址：沈阳市和平区十一纬路25号 邮编：110003）

印 刷 者：辽宁一诺广告印务有限公司

经 销 者：各地新华书店

幅面尺寸：170 mm × 240 mm

印 张：9

字 数：100 千字

出版时间：2017 年 3 月第 1 版

印刷时间：2017 年 3 月第 1 次印刷

责任编辑：张歌燕

封面设计：魔杰设计

版式设计：晓 娜

责任校对：尹 昭

书 号：ISBN 978-7-5381-9675-7

定 价：35.00 元

投稿热线：024-23284354

邮购热线：024-23284502

QQ：59678009

http：//www.lnkj.com.cn